高等学校通识教育教材

 中国轻工业"十四五"规划立项教材

高等学校课程思政教材

中国茶人脊梁

Role Models of Chinese Tea Masters

主编 / 张星海

中国轻工业出版社

图书在版编目（CIP）数据

中国茶人脊梁 / 张星海主编. -- 北京：中国轻工业出版社，2025.2. -- ISBN 978-7-5184-5215-6

Ⅰ．TS971.21

中国国家版本馆CIP数据核字第2024CZ4752号

责任编辑：贾　磊

文字编辑：吴梦芸　　责任终审：许春英　　设计制作：锋尚设计
策划编辑：贾　磊　　责任校对：朱　慧　朱燕春　　责任监印：张　可

出版发行：中国轻工业出版社（北京鲁谷东街5号，邮编：100040）

印　　刷：艺堂印刷（天津）有限公司

经　　销：各地新华书店

版　　次：2025年2月第1版第1次印刷

开　　本：787×1092　1/16　印张：8.75

字　　数：230千字

书　　号：ISBN 978-7-5184-5215-6　定价：36.00元

邮购电话：010-85119873

发行电话：010-85119832　010-85119912

网　　址：http://www.chlip.com.cn

Email：club@chlip.com.cn

版权所有　侵权必究

如发现图书残缺请与我社邮购联系调换

241464J1X101ZBW

本书编写人员

主　编　张星海（浙江树人学院）
副主编　王岳飞（浙江大学）
　　　　袁　薇（浙江树人学院）
　　　　黄海辉（浙江省泰顺县农业农村局）
　　　　黄海涛（杭州市农业科学研究院茶叶研究所）
参　编　许金伟（浙江经贸职业技术学院）
　　　　薛泽坤（南京农业大学）
　　　　张天一（南京农业大学）
　　　　陈红波（浙江树人学院）
　　　　朱红缨（浙江树人学院）
　　　　毛锡金（浙江省文成县职业高级中学）
　　　　章丽琴（杭州寻茶隐上茶叶有限公司）
　　　　陈秋钰（绍兴市虞舜茶业有限公司）
　　　　吴曼东（温州市蔓享茶院文化发展有限公司）
　　　　郭树红（南通市茶文化研究会）
　　　　姜绍勇（武夷山茶智荟文化发展有限公司）
　　　　宋　晓（平水日铸茶品牌管理服务中心）
　　　　蔡依玲（浙江树人学院）
　　　　杨世杰（浙江树人学院）
　　　　蒋徐徐（浙江树人学院）
　　　　吕子涵（浙江树人学院）
　　　　许焯渊（浙江树人学院）
　　　　方佳乐（浙江树人学院）
　　　　王育莹（浙江树人学院）
　　　　黄文壹（浙江树人学院）

浙江省社会科学界联合会社科普及课题研究成果
浙江树人学院首批"四新"重点教材
浙江省课程思政示范课程"读懂中国茶"建设成果
全国高校"双带头人"教师党支部书记工作室建设成果

前言
Preface

一片叶子的茶美时代

茶起源于中国，盛兴于世界；南方有嘉木，"浙"里出好茶。浙江树人学院由中国国际茶文化研究会创会会长王家扬先生创办，王老一以贯之地创导"天下茶人一家"。2019年5月浙江树人学院成立全国首个国际茶文化学院，将中国工程院陈宗懋院士的题词"以茶育德，以茶植贤"作为茶文化专业育人理念。浙江树人学院2022年3月入选第三批全国党建工作样板支部培育创建单位之后，2023年4月入选浙江省高校"双带头人"教师党支部书记工作室，2023年7月通过浙江省党建工作样板支部创建单位验收；2023年12月"以茶育德，以茶植贤"育人实践项目入选浙江省精神文明办"有礼实践"典型，2024年5月入选全国第三批高校"双带头人"教师党支部书记工作室典型成果。从"一片叶子富了一方百姓"到"因茶致富，因茶兴业"，从"人逢知己千杯少，品茶品味品人生"到"共品茶香茶韵，共享美好生活"，我们赶上了一个习茶爱茶的好时代，一个共建、共享、共同富裕，乡村振兴支柱产业茶文化发展的大时代！能够在最美的年华遇见最伟大的时代，能够在最伟大的时代学习最美的文化，一定是人生最幸福的事！

一、党建品牌引领茶文化产业链课程群教学改革

浙江树人学院支部书记带领茶文化专业教师团队深入研究"十四五"茶产业规划，创新进行以"茶文化产业链服务"为主线的茶文化育人课程体系教学改革，由"读懂中国茶"通识教育到"茶文化学"学科教育，再到"文化产品战略"双创教育的三层融合茶文化课程群基础上，以习近平总书记关于"茶文化、茶产业、茶科技统筹发展"的指导思想，创建服务"茶文化全产业链课程群"，教改成果应用到2022级及以后的茶文化专业人才培养方案中。编者主编了《茶艺传承与创新》《茶叶商品学》《读懂中国茶》《茶文化产品战略》《新茶饮调制与经营》教材，主讲的"中华茶艺""读懂中国茶"被评为省级一流本科课程，"文化产品战略""茶文化学""茶业数字经济"被浙江树人学院立项为重点核心课程。

二、茶文化课程思政建设助力教学育人

秉承"崇德重智、树人为本"校训，创设"以茶育德、以茶植贤"育人理念。带领学生沿着《习近平在浙江》足迹，先后到"一片叶子富了一方百姓"的安吉白茶生产地浙江省安吉县黄杜村及"两山"理论发源地安吉余村，几届省委书记结对"下姜村"，积极培育和践

行社会主义核心价值观。以课程思政为牵引，联合三所高校、四位教授、五位党员教师，以"读懂中国茶"省级课程思政示范课为载体，着力于茶文化、茶产业、茶科技三个方面的思政元素挖掘，以茶育德，为茶树人。"读懂中国茶"获浙江省高校教师教学创新大赛课程思政微课专项赛三等奖，音乐微型党课——"采茶舞曲"获校微党课大赛二等奖，课程思政教研成果获绍兴市高校课程思政专题征文优秀奖；"中国茶人脊梁——茶文化课程思政数字化案例库"获浙江省社会科学界联合会立项资助，"以茶育德，以茶植贤"育人实践入选浙江省文明办"有礼实践"典型，擦亮"茶文化特色党建品牌"。

三、茶文化引领"三茶"统筹助力乡村振兴

坚持把习近平总书记重要讲话精神转化为助推乡村振兴的使命担当，连年组织多名党员奔赴浙江安吉、建德、开化、上虞、天台、莲都等地开展茶高质量发展技术帮扶。对接服务浙江淳安县宋村乡茶产业，以及习近平总书记指示要"保护开发好"的磐安古茶场，积极促进校地产学研结合，助力建德苞茶品牌打造。深化学院对口帮扶的三州乡茶产业合作，将博士创新站建到茶乡；入选浙江省山区海岛县"希望之光"人才帮扶专家团，被聘为丽水市莲都区茶业首席专家，将省级项目研究成果应用到莲都茶文化综合体建设；认定为2022年第二批绍兴市博士创新站，开展觉农乡村振兴示范中心创建服务；创建"三茶统筹发展研究所"，破解"三茶"统筹密码，做好茶业政策制定的参谋，耕好"三茶"统筹发展试验田。"党建引领，以茶育德，为茶树人"党建经验被"学习强国"平台专题报道，"党建引领，三茶创新"被"中国蓝新闻"电视专栏报道。

编者

目录 Contents

第一章 茶文化引领新时代

第一节 当代茶圣吴觉农 001
一、走近吴觉农 001
二、茶树原产地考 006
三、《茶经述评》赏析 008
四、思政微课《吴觉农》 010

第二节 中国茶德庄晚芳 012
一、走近庄晚芳 012
二、庄晚芳红色足迹 015
三、中国茶德"廉美和敬" 019
四、思政微课《庄晚芳》 021

第三节 中国茶礼张天福 024
一、走近张天福 024
二、张天福科教合一 026
三、中国茶礼"俭清和静" 027
四、思政微课《张天福》 029

第四节 以茶植贤王家扬 030
一、走近王家扬 030
二、"一棵茶树"王家扬 031
三、创茶文化国际交流 032
四、思政微课《王家扬》 033

第二章 茶科技赋能新时代

第一节 机制红茶冯绍裘 034
一、走近冯绍裘 034
二、机械革新创滇红 035

　　　　三、滇缅路上茶易战资 ·· 039
　　　　四、思政微课《冯绍裘》 ·· 040

第二节　茶种资源李联标 ·· 042
　　　　一、走近李联标 ·· 042
　　　　二、茶树品种资源 ·· 045
　　　　三、创编《茶树栽培技术》 ·· 053
　　　　四、思政微课《李联标》 ·· 058

第三节　茶叶生化王泽农 ·· 059
　　　　一、走近王泽农 ·· 059
　　　　二、茶叶深加工科技 ·· 062
　　　　三、创茶叶生物化学 ·· 077
　　　　四、思政微课《王泽农》 ·· 079

第三章　茶产业共富新时代

第一节　茶业通史陈椽 ·· 081
　　　　一、走近陈椽 ·· 081
　　　　二、茶业经济发展 ·· 085
　　　　三、《茶业通史》故事 ·· 090
　　　　四、思政微课《陈椽》 ·· 093

第二节　壶艺泰斗顾景舟 ·· 095
　　　　一、走近顾景舟 ·· 095
　　　　二、紫砂产业发展 ·· 100
　　　　三、百年景舟紫砂技艺 ·· 105
　　　　四、思政微课《顾景舟》 ·· 112

第三节　"两山"理论新茶经 ·· 114
　　　　一、"两山"理论真谛 ·· 114
　　　　二、因茶致富因茶兴业 ·· 116
　　　　三、"三茶"统筹新茶经 ·· 124
　　　　四、思政微课《"两山"理论新茶经》 ·· 128

参考文献 ·· 130

第一章
茶文化引领新时代

第一节　当代茶圣吴觉农

> 我从事茶叶工作一辈子，许多茶叶工作者、我的同事和我的学生同我共同奋斗，他们不求功名利禄、升官发财，不慕高堂华屋、锦衣美食，没有人沉溺于声色犬马、灯红酒绿，大多勤勤恳恳、埋头苦干、清廉自守、无私奉献，具有君子的操守，这就是茶人风格。
>
> ——吴觉农

一、走近吴觉农

吴觉农（1897—1989），浙江上虞丰惠（至今还留有吴觉农故居）人，原名荣堂，是中国知名的爱国民主人士和社会活动家，著名农学家、农业经济学家，现代茶叶事业复兴和发展的奠基人。因立志要献身农业（茶业），故改名觉农。1949年吴觉农参加了全国政协第一届全体会议，参与《中国人民政治协商会议共同纲领》的制定，参加了开国大典。中华人民共和国成立后，他曾担任农业部首任副部长、全国政协副秘书长。去世前一直担任全国政协常务委员、中国农学会名誉会长、中国茶叶学会名誉理事长。1989年10月因病在北京逝世，享年92岁。

陆定一评价他说："觉农先生毕生从事茶业，学识渊博，经验丰富，态度严谨，目光远大，刚直不阿。如果陆羽是'茶神'，那么说吴觉农先生是当代中国的茶圣，我认为他是当之无愧的。"

著名茶文化研究者王旭烽在《茶者圣——吴觉农传》一书中，对吴觉农先生为中国茶业作出的贡献，总结了十条："一是首次全面论证并提出中国是茶树原产地；二是最早提出中国茶业改革方案；三是倡导制定中国首部《出口茶叶检验标准》；四是在中国高等学校中创建了第一个茶叶系;五是创建第一个国家级的茶叶研究所;六是最早提倡并在农村组织茶农合作社;七是主持翻译世界茶叶巨著《茶叶全书》;八是组建新中国第一家国营专业公司——中国茶业公司;九是主编'20世纪新茶经'《茶经述评》;十是倡导建立中国茶叶博物馆。"

(一)首次全面论证并提出中国是茶树原产地

现在,茶叶原产于中国已经得到了世界上茶叶科学界的广泛认可,但在20世纪20年代,很多外国人认为茶树的原产地在印度。茶树原产地的争论,不仅仅是学术争论,在当时积贫积弱的环境下来看,茶树原产地归属关系到民族自尊心。正是在这种背景之下,吴觉农于1922年在《中华农学会报》第37期的《学艺》一栏中发表了《茶树原产地考》一文。该文分析批驳一些外国人对茶树原产地的不正确意见,并根据大量事实,从古代文献、野生茶树分布、茶字发音以及茶树学名等方面论证中国是茶树原产地。

(二)最早提出中国茶业改革方案

1922年吴觉农在日本留学期间,写下了《中国茶业改革方准》,发表于《中华农学会报》第37期。1935年吴觉农和胡浩川编著《中国茶业复兴计划》(图1-1),是近代我国第一本有关茶业发展的专著。全书13万字,内容为复兴中国茶业产制运销战略性的设想,并附有1868年以来各种出口茶叶数据。

1937年吴觉农和范和均合著《中国茶业问题》(图1-2)一书,该书论述了我国历代茶政沿革和现代茶业产、制、对外贸易及品质检验等问题,并附列我国1866—1935年茶叶出口数据和世界各国产茶数据。

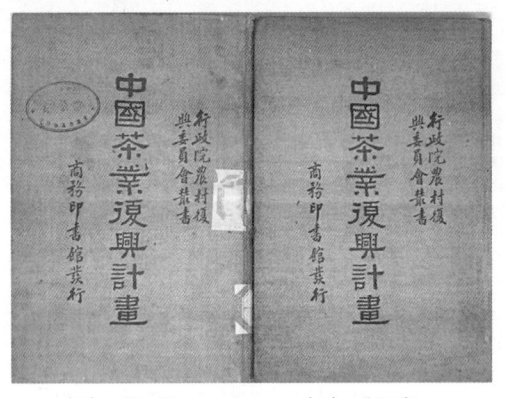

图1-1 《中国茶业复兴计划》
(商务印书馆)

图1-2 《中国茶业问题》
(商务印书馆"万有文库"系列)

(三)倡导制定中国首部《出口茶叶检验标准》

吴觉农受上海商检局的邹秉文的邀请,筹办茶叶出口检验局。在工作期间,吴觉农尝试了大量能够促进茶叶产品质量的办法,同时组织了全省各产茶区的调查工作,撰写调查报告,刊登在商品检验局出版的《国际贸易导报(茶叶专刊)》(图1-3)中。

（四）在中国高等学校中创建了第一个茶叶系

1940年，吴南轩（复旦大学代理校长）、孙寒冰（教务长）、吴觉农（财政部贸易委员会茶叶处处长）倡议，并有中国茶叶公司资助，在复旦大学农学院设立茶叶组（4年制）和茶叶专修科。这是我国第一个高等院校的茶叶专业系科，吴觉农任组、科主任。刊载于《复旦大学：复旦农学院史话》（图1-4）。

茶叶组（相当于系）的主要课程有茶叶概论、经济学、作物学、化学、土壤学、肥料学、植物生理学、茶树栽培、茶叶制造、茶叶化学、茶叶贸易、茶叶检验、茶树病虫害防治、遗传育种、茶厂实习等，设有茶叶研究室，内分茶叶生产部、化验部、经济部。

图1-3 《国际贸易导报（茶叶专刊）》第六卷第六号

 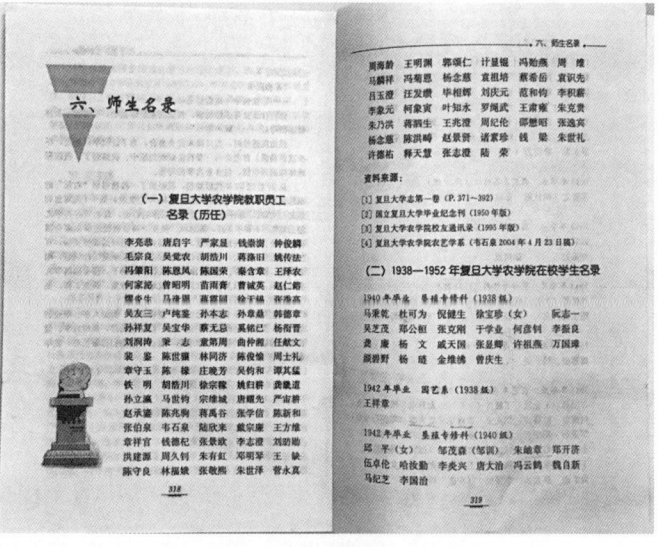

图1-4 《复旦大学：复旦农学院史话》（中国农业出版社）

（五）创建第一个国家级的茶叶研究所

1941年，吴觉农组织了一批有志于复兴中华茶叶事业的人士，在浙江衢州万川设立了"东南茶叶改良总场"，亲任场长。1942年，迁址福建武夷山，创立了我国第一所国家级茶叶研究机构"中国茶叶研究所"，亲任创所所长。集中了一批专家、教授和有实际经验的茶叶从业人员，系统研究茶叶栽培、制造、贸易等方面的课题，取得了不少较有影响力的研究成果。

在当时战事紧张、条件艰苦、经费短缺等极为困难的条件下，吴觉农带领蒋芸生、叶元鼎、王泽农、庄晚芳等，同心同德、任劳任怨地在崇安赤石开展了茶树良种繁育、茶叶机械加工和制茶化学等研究工作，同时还编辑出版了《武夷通讯》《茶业研究》等茶叶刊物。

（六）最早提倡并在农村组织茶农合作社

吴觉农在1932年参与成立祁门茶业改良场，并任场长，指导主持实际工作。在此期间，倡导茶户合作，在祁门地区农村组织茶农合作社。尝试农村组织茶农合作社事迹首发于1934年《国际贸易导报》第六卷第七号的《在祁场一年》（图1-5）。

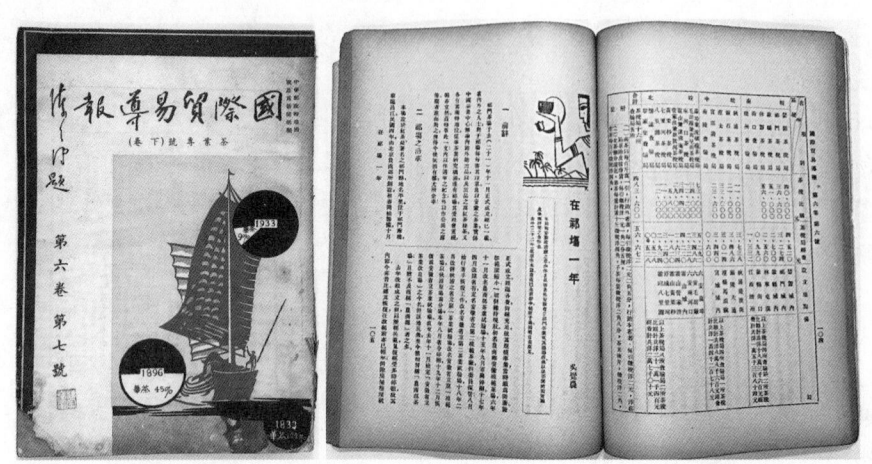

图1-5　发表在《国际贸易导报（茶叶专刊）》第六卷第七号的《在祁场一年》

（七）主持翻译世界茶叶巨著《茶叶全书》

《茶叶全书》（图1-6）为威廉·乌克斯（William Ukers）的茶叶专著 *All About Tea* 的汉译本。原书于1935年出版，为英文版，译本由吴觉农主译，中国茶叶研究社集体翻译，增加了《茶叶全书》的译序和书目提要。1938年开始翻译，经校订、出版，辗转11年，于1949年5月出版。这是一本世界性、综合性的茶叶巨著，全书60余万字。《茶叶全书》的出版是"中国茶叶改革途中的一个里程碑"（冯和法语），《茶叶全书》一书"凡茶叶的历史、栽培、制造、贸易以及社会、艺术各方面，都有丰富详尽的记述。"（吴觉农语）

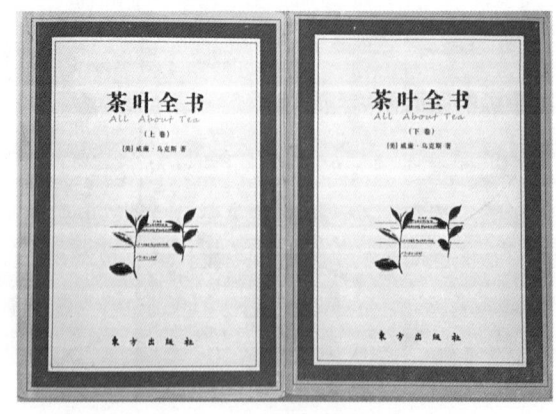

图1-6　《茶叶全书》（东方出版社）

（八）组建中华人民共和国第一家国营专业公司——中国茶业公司

1949年12月1日，中国茶业公司在北京市东安门大街29号正式办公，吴觉农担任首任总经理，直至1955年他的事迹载入《中国茶业进出口公司经营史录（1949—1993）》（图1-7）。

在主持中国茶业公司的工作时，在当时错综复杂的国际形势变化中，他迅速同苏联等国家签订茶叶贸易合同；加紧组织进行茶叶的收购加工，履行易货偿债，并积极开展对资本主义市场的贸易，推销积存茶叶；大力定制制茶机械，在各主要茶区筹建各种类型的制茶场；同时联系各省积极建立和扩大茶叶教学与科研机构。随后召开全国茶叶会议，制定了第一个茶叶发展计划，为中华人民共和国的茶叶事业勾画出宏伟的蓝图。

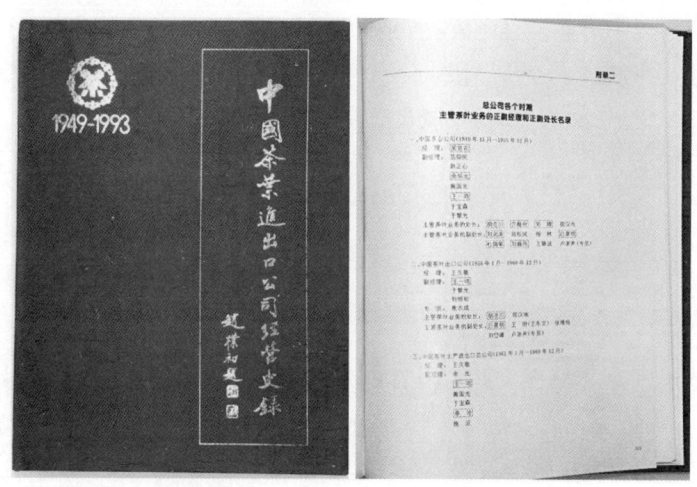

图1-7 《中国茶业进出口公司经营史录》（1949—1993）

（九）主编"20世纪新茶经"——《茶经述评》

陆羽所著《茶经》总结了唐代的饮茶方式，成为茶学经典。而吴觉农先生的《茶经述评》（图1-8）是茶学又一里程碑式著作。吴觉农借《茶经》，整理古代茶文献，呈现中国三千年茶史全貌，总结古代茶经验，又立足于当时茶业发展现状，继往开来，承上启下，可以说，《茶经述评》是集大成之作。

《茶经述评》多层次、多角度地体现了吴觉农的茶学精神，融合了文化、文学、民俗、政治、经济、国际、国内、植物学、生物学、药物学、茶学的知识，是中国人评论《茶经》的首部专著。吴觉农用现代茶学理论，立足于当下茶业发展，一分为二地认识古代茶经验，古为今用，让传统文化焕发出新的光彩。

图1-8 《茶经述评（第二版）》
（中国农业出版社）

(十)倡导建立中国茶叶博物馆

1989年以吴觉农为首的28位全国茶人签署《筹建中国茶叶博物馆意见书》，有力地促进了中国茶叶博物馆的建成。中国茶叶博物馆自1991年开馆以来已经发展成为中华茶文化的展示中心、茶文物收藏的专业场所、茶文化研究与普及的重要平台和未成年素质教育重要基地，是目前中国唯一的国家级茶文化专题博物馆。"希望喝茶的中国人都能记住吴觉农这个名字。当我们捧起茶杯时，不要忘记，那里面有他散发的馨香。"（王旭烽语）"纵观吴觉农的一生，他既是一位学识渊博、治学严谨、勇于创新的茶学家、著名教授，又是旗帜鲜明、锐意改革、满怀激情的社会活动家，更是位关爱青年、高瞻远瞩、心胸宽广，凝聚力、影响力、号召力极强的复兴中国茶叶的领军人物。学者和茶人高尚的人格力量成就了他的学术事业。吴觉农在70余年的事茶生涯中，为中国茶业复兴和发展做出了历史性的贡献。他在复旦大学创办了中国乃至世界历史上第一个茶叶专业，为高等茶叶教育体系积累了宝贵经验，今日发展设有高等茶学本科以上的高等院校已达22所。他团结一批志同道合的茶人，创立中国第一个国家级茶叶研究所，开辟全国科技兴茶之路。"（王镇恒语）

二、茶树原产地考

"中国是茶的故乡。茶叶深深融入中国人生活，成为传承中华文化的重要载体。"然而，20世纪初，科恩·司徒（Cohen Stuart）等外国学者公然挑战中华茶文化的起源，声称"从印度到缅甸的边境存在着大量野生茶树，很可能这里是茶树的原产地"。早在1826年，英国人勃鲁士（Bruce）在印度阿萨姆发现所谓的野生茶树后，就曾对外宣称"茶树原产于印度"。国外关于茶树起源地的说法对曾向西方求知的吴觉农造成重大冲击。在中日甲午战争之后，中国人的自尊心和自信心饱受打击，尤其是面对日本的崛起，中国人的自我认知受到挑战。茶原产于中国而后传播于世界，但在当时的中国很少有人研究茶树的原产地问题，国外学者认为茶树原产地不在中国。1919年，吴先生抱着实业救国、科技兴茶的强烈愿望，官费赴日本留学，在农林水产省茶叶试验场学习。他衣不解带、目不交睫、如饥似渴地研究日本先进的科学技术，搜集和研究世界各产茶国茶的栽培、制造、贸易等方面的史料文献。当他看到英国人勃拉克氏在《茶商指南》里提及"有许多学者……主张茶的原产地为英国而非中国"，易培生氏在《茶》一书里说到"中国只有栽培的茶树，不能找到绝对的野生茶树，只亚萨发现野生茶树曰Theahaqmh，……植物学家都视为一切茶树之祖"，以及1911年出版的《日本大辞典》中"茶的自生地在东印度"等荒谬绝伦的叙述后，一股莫名之火不由得在胸中燃起。他顿足疾呼："一个衰败了的国家，什么都会被人掠夺！而掠夺之甚，无过于生乎吾国长乎吾地的植物也会被无端地改变国籍！……在学术上最黑暗、最痛苦的事，实在无过于此了！"

1922年，吴觉农决心对这种有意地对历史事实的歪曲进行回击。他根据我国古籍有关茶的记载（包括诗词），引经据典，写了《茶树原产地考》一文，雄辩地论证茶树原产于中国。

文中写道:"《神农本草经》云,'茶味苦,饮之使人益思、少卧、轻身、明目',时在公元前2700多年,……我国饮茶之古,于此已可概见,……印度亚萨野生茶树的发现,第一次在印度还是独立时候的1826年,第二次则为印度被吞并以后。"他用无可辩驳的事实说明,我国茶树的发现和利用要比印度早上几千年。他的这一篇文章是我国首篇系统驳斥外国某些人有意歪曲茶树原产地的专论,也是一篇声讨殖民主义者进行经济文化掠夺的檄文。他为茶的祖国正了名,为祖国人民争了光。他的文章引起了中外学者的重视和关注,初露才华的吴先生也因此而受到了人们的尊重。

在茶树原产地研究中,吴觉农除批驳了以勃鲁士为代表的茶树原产于印度的观点外,还批驳了印度尼西亚的科恩·司徒(Cohen Stuart, 1919)主张"大叶种和小叶种分属于两个不同原产地"的"二元论",美国威廉·乌克斯(William Ukers, 1935)主张"凡是自然条件有利于茶树生长的茶区都是原产地"的"多元论",以及英国艾登(Eden, 1974)主张茶树原产地既不在中国也不在印度的"源出无名高地"的"折中论"等多种观点,把原产地的研究引向深入。

半个多世纪后,吴觉农于1979年在昆明又发表了《我国西南地区是世界茶树的原产地》一文。他认为,茶树原产地是茶树在这个地区发生发展的整个历史过程,既包括它的祖先后裔,也包括它的姊妹兄弟。因此,他应用古地理、古气候、古生物学的观点研究得出,我国西南地区原处于劳亚古北大陆的南缘,面临特提斯海,在地质史上喜马拉雅运动以前就存在。这里气候温热、雨量充沛,地球上的种子植物发生、滋长,不断演化,是许多高等植物的发源地。"茶树属于被子植物纲 Angiospermae,双子叶植物亚纲Bicotyledoneae,山茶目Theales,山茶科Theaceae,茶属,茶种"。通过植物分类学系统,可以找到它的亲缘。山茶科植物共有23属,380余种,分布在我国西南的有260多种。就茶属来说,已发现的约100种,我国西南地区即有60多种,符合起源中心在某一地区集中的立论。其次,吴觉农认为,喜马拉雅运动开始,我国西南地区形成了川滇纵谷和云贵高原,分割出许多小地貌和小气候区,使原来生长在这里的茶种植物,分别处于寒带、温带、亚热带和热带气候中,各自向着与环境相适应的方向演化。位置在河谷下游多雨的炎热地带,演化成为掸部种;适应河谷中游亚热带气候,演化成云南-川黔大叶种;处于河谷斜坡温带气候的,则逐步筛选出耐寒、耐旱、耐荫的小叶种。只有我国西南地区才具备引起种内变异的外部条件,但都是同一个祖先传下来的后代。

吴觉农从茶种亲缘关系和茶树种内变异类型的演化,以及地质变化,论证我国西南地区是茶树原产地中心的学说,引发国内外茶学工作者的浓厚兴趣。继他的文章发表后,国内外学者发表了不少有关茶树原产地的论述,庄晚芳推断我国云南是茶树原产地的中心,我国四川、贵州、越南、缅甸和泰国北部是原产地的边缘。陈兴琰等则根据实地调查和研究,发现了许多野生茶树,认为巴达大茶树是最古老的,也是云南大叶种茶树的原始型,提出云南是茶树的原产地,云南西南部的原始森林地区可能是原产地的中心。日本学者志村桥和桥本实,根据细胞遗传学、植物形态学对茶树进行研究,认为茶树原产地在中国是有科学依据的。

三、《茶经述评》赏析

茶，原产于我国，传播于世界，公认为世界三大饮料之一。这是中华民族值得自豪的事情。陆羽的《茶经》，成书于8世纪，至今已有1200多年了，是茶学的最早著作。吴觉农先生的《茶经述评》，就是20世纪的新茶经。《茶经》为中外学者所重视，书中对茶叶历史、茶树种植、茶叶制造以及煎、煮、饮用、茶效等都有详细论述，至今仍有参考价值。但原文比较古涩，不易看懂，有的内容值得商榷，吴觉农花费多年时间钻研《茶经》，于1987年写成《茶经述评》。《茶经述评》有译注，也有评论；译注通俗易懂，评论富有新意，肯定优点，指出不足，同时在理论上加以科学说明，又以发展的眼光对茶叶研究提出新课题，为进一步茶叶研究提出了方向。

《茶经述评》比《茶经》增加了不少新内容，如茶树原产地、茶叶的传播，以及种茶、制茶、饮用等，自唐迄今的演变与发展，从经验到理论均作了全面的系统总结。《茶经》中虽列举了不少唐以前的茶叶史料，但也有遗漏，《茶经述评》对遗漏的重要资料作了补充，并将唐以后历代茶叶专著作了扼要介绍，集茶叶专著之大成。此外，《茶经述评》还补充了"历代茶政沿革"，为研究茶史提供了参考。《茶经述评》最后提出，当前茶叶研究最迫切的问题是实现茶叶生产现代化。该专著有科技知识、有历史资料，既评述了陆羽的《茶经》，又兼及其他古农（茶）书，是一部研究中国古代茶文化的巨作。

吴觉农先生主编的《茶经述评》被人们誉为20世纪的新茶经，其中的内容包含了吴觉农先生深厚的茶叶实践经验和理论沉淀。此部茶学力作在上海茶叶协会的支持下再版，在继承陆羽《茶经》精髓的基础上，在阐述茶的起源文化的同时，更注重鲜叶品质的鉴别方法、茶的烤煮、茶具的选用等实际学问，受到业内人士和爱茶一族的欢迎。

（一）《茶经述评》撰著的起因

据吴先生自己说："写这本书的起因是农业出版社的建议。该社很早就要我把古代有关茶书加以整理、注释，汇印出版。我把古代一些茶书进行对照，发现其内容大都围绕着《茶经》而写，且多互相重复，一一予以整理、注释，并没有多大意义，所以就搁了下来。粉碎'四人帮'以后，该社又同我联系。我认为，《茶经》一书，其内容从现代科学发展的水平来衡量，可资参考的虽并不多，但所涉及的比较全面，所以提出了评述《茶经》，兼及其他古茶书，以回顾历史经验。便于'古为今用'。该社同志对此设想颇为赞同，并认为这种既述且评的方式也较有新意，因即定书题为《茶经述评》。"

吴先生先后委托他的几位老友，如张堂恒、邓乃朋、钱梁、陈君鹏、陈舜年、冯金炜、恽霞表等执笔编写该书，易稿三次。从1979年开始撰写，到1987年正式出版，历时8年，全书达30.9万字。该书把唐代以后中国1300多年的茶事，分别增补到陆羽《茶经》的十章之中，从内容体量和涵盖范围来看，它可谓是本扩充版的《茶经》，陆定一同志称之为20世纪的新茶经是十分恰当的。

（二）《茶经述评》撰著过程

《茶经述评》从1979年开始撰写，由于出现了一些曲折，因而花费了较预想为多的时间。最初，因为《茶经》原文较为古涩，于是用了较多的时间来对照它的版本，研究它的文字，这样，当时所写出的内容就较侧重于《茶经》的注释，后面才陆续加入了一些新的评述的内容，拟出了第一稿。但这一稿的内容，有的已超越了评述的范围，所以又加以精简，把述评突出出来，写成第二稿。最后，再加以修改补充，便是现在出版的第三稿。同时，在第三稿修改过程中，又不时发现新问题需予解决。这本书的撰写过程，大体可分为三个阶段，每一阶段，大都是作者提出个人的看法，委托几位老友执笔。第一阶段的执笔人是张堂恒同志，他所完成的是内容比较简要的《茶经》的译文和注释，另邓乃朋同志也在《茶经》的译文和注释方面提供了不少意见；第二阶段先由钱梁、陈君鹏两位同志执笔，他们所完成的是内容比较广泛的第一稿，嗣由陈舜年同志执笔，主要是删繁就简，完成了第二稿；第三阶段亦即第三稿定稿阶段的执笔人是冯金炜、恽霞表两位同志，特别是冯金炜同志对最后定稿的撰写和补充工作出力较多。

（三）《茶经述评》中的校、注、释

该书是以陆羽《茶经》十章为纲目依次进行撰述，分为二节。第一节为译注，第二节为述评。译注简明扼要，并有一些校记，文字不多，"评"的文字也不多，而"述"的文字就很多了。因为要把从唐代以后直到现在的茶史都进行综述，所"没有大量的文字是无法表达清楚的。"其文字比例：《茶经》原文占5.59%、校记占0.65%、注释占4.37%、译文占6.11%、评占3.34%、述占79.94%。

第一节译注，其次序是先列《茶经》原文，然后是校记、注释、译文。第一版有校记的内容，附于原文之下或注释内，没有校记二字，而注释在译文后，第二版才标明"校记"两字，并把注释移至译文前，这样看起来比较顺。陆羽《茶经》经过校记、注释，经过翻译成白话文，使广大读者可以读懂《茶经》，因此，《茶经述评》也是一本解读《茶经》之书。《茶经》的解读不仅在注释、译文中，同时在"评、述"中也对《茶经》的诸多词义反复阐明，使大家能更加深刻地理解《茶经》。

（四）《茶经述评》述评特色

"评"为评论陆羽《茶经》；"述"为述作，是阐明前人的成说并创作，就是写新茶经。《茶经评述》的评论实事求是、恰如其分，而述作则内容丰富详尽。《茶经述评》每章内容，先是对《茶经》原文进行译注，后是评述。例如《茶经·一之源》的述评，包括茶的祖国、茶树的形态特征、"茶"字的字源、茶树生育的生态条件、茶树的栽培方法、鲜叶品质的鉴别方法、茶的效用等，对这些内容边述边评、述评结合，兴味盎然、相得益彰。又如采茶季节，《茶经》提出，"凡采茶，在二月、四月之间"指农历，即一年春夏二季采茶。《茶经述评》提出，过去我国茶园管理粗放，难以发挥茶树的生产潜力；现在，经过改善生产条件并加强茶园管理，已进行秋采，秋采产量日趋上升，产品占全年产量的20%，有的达到30%

以上，而且茶的质量也好。茶是饮料，古人煮茶特别重视用水，对煮茶用水都很讲究，因为水质的好坏对茶汤的色、香、味都有直接影响，所谓"泉美茶香异"。明代许次纾在《茶疏》中说"精茗蕴香，借水而发，无水不可与论述茶也"。《茶经述评》把前人辨水经验大体归纳为三类：第一，以陆羽为代表的以水源来分别水质优劣，即"山水上，江水中，井水下"；第二，以味觉、视觉鉴别，认为味甘、色清的水好，反之则差；第三，以乾隆为代表，根据水的轻重来辨别好坏，认为轻的比重的好。《茶经述评》指出，这三类都有一定的科学道理，但也有其片面性。水是一种溶剂，天然水一般含有杂质，并不纯净。因此，评判和衡量水的好坏，需从现代科学角度出发，依据水质标准，只有通过测定饮用水的理化成分，才能正确科学地鉴定水质。

陆羽所撰《茶经》，虽广收博采，终因一人能力所限，仍不免有疏忽遗漏之处，如《茶经·七之事》中提供许多有关茶史资料，但在列出当时的茶区时，却忽略了重要的源产地之录，其中《华阳国志》有茶事资料处《茶经述评》对陆羽这些疏漏之处都着重加以叙述。与此同时，又增补了《茶经》问世后所出现的茶书27册，并加以介绍，如唐代温庭筠的《采茶录》、宋代宋徽宗（赵佶）的《大观茶论》、明代屠隆的《考槃余事》、清代陆廷灿的《续茶经》等。《茶经》内容侧重茶事技艺，未涉及茶政，《茶经述评》在第七章中特补写了"历代茶政沿革"一节，讲述历代茶政，尤其是清末民初时期的史料，该书编者曾亲身参加考察，资料弥足珍贵。

《茶经述评》作者在书中还提出许多新的见解，如《茶经·六之饮》说"茶之为饮，发乎神农氏"，后世也多沿此说，认为饮茶始于神农。《茶经述评》作者对此提出异议，认为茶的发现，直到战国时代，仅限于西南原产地，而且基本是药用，直到秦汉后才开始作为饮料传到中原地区，神农氏不可能是饮茶的创始人。又如《茶经》说茶叶"野者上，园者次"，这是说地形和地势决定茶叶品质。《茶经述评》认为，茶叶品质的好坏主要是由环境条件影响的结果，采用现代科学技术措施，人为地改变环境条件，就可以获得优质茶叶。从这个角度来看，"野者上，园者次"的提法就不适用了。关于划分我国茶区，学术界众说纷纭，意见分歧，大体有三大茶区、四大茶区、五大茶区、八大茶区共4种不同主张，《茶经述评》作者认为应以纬度为主要依据，划分为北部茶区、中部茶区、南部茶区的三大茶区较为合理。

四、思政微课《吴觉农》

（一）改名"觉农"

吴先生原名荣堂，因立志要献身农业（茶业），故改名觉农。他在一篇回忆青少年时期憧憬的文章中曾这样说过："我入学读书，逐渐了解到丝绸和茶叶都是我国历史上很早的出口商品，……我生自茶乡，因此在中学读书时，就对茶叶发生了兴趣。"可以这样说，强烈的事业心和民族责任感是奠定他非凡茶学成就的思想基础。

(二)赴日学习

1919年,神州大地正处于内忧外患的艰难时期,救亡图存的呼声此起彼伏。怀揣着实业救国、科技兴茶的宏伟抱负,吴先生凭借官费资助,毅然踏上了东渡日本的求学之路。他进入日本农林水产省茶叶试验场,全身心投入学习之中。

在那段留学岁月里,吴先生过着极为刻苦的生活,常常衣不解带、目不交睫。他如同一位在知识海洋中探寻宝藏的勇士,对日本先进的科学技术如饥似渴地钻研。不仅如此,他的视野并未局限于日本,而是着眼全球,广泛搜集世界各产茶国在茶叶栽培、制造、贸易等诸多方面的史料文献,并进行深入细致的研究。

然而,在查阅资料的过程中,吴先生看到了一些令他义愤填膺的内容。英国人勃拉克氏在《茶商指南》中妄言:"有许多学者……主张茶的原产地为英国而非中国。"易培生氏在《茶》一书中也宣称:"中国只有栽培的茶树,不能找到绝对的野生茶树,仅亚萨发现野生茶树曰Theahaqmh,……植物学家都视为一切茶树之祖。"就连1911年出版的《日本大辞典》里,也赫然写着"茶的自生地在东印度"这样荒谬的叙述。

这些颠倒黑白的言论,犹如一把把利刃刺痛了吴先生的心,一股难以名状的怒火在他胸中熊熊燃起。

(三)振兴茶业

1922年底吴先生学成回国,旋即自筹资金在家乡试办机制茶厂,以图改变千百年来的落后手工制茶方式,并试图通过自己的实践摸索,为以后的推广作出示范。吴先生还认为:"要想全面提高我们茶叶的质量,非采用科学方法从种植、采摘、制造、贮藏入手不可。"在他的组织和带领下,一批茶叶科学工作者不顾条件的困难,深入到安徽、浙江、江西、福建、台湾等地的广大茶区进行调查考察,在掌握第一手资料后,他与胡浩川先生合作撰写了长达13万字的《中国茶业复兴计划》一书,并于1935年出版。这是一个复兴中国茶业的战略性计划,曾引起农学界、茶业界的高度重视,其中的许多论点至今仍有着一定的参考价值。

(四)高风亮节

吴觉农,著名农学家、农业经济学家、社会活动家,我国现代茶业的奠基人。吴觉农一生不仅对茶叶事业作出了贡献,而且在治学、处事、待人等方面也作出了榜样。1942年11月30日,他在财政部茶叶研究所工作时曾以"五种工作态度"勉励全体职工,一是"公而忘私",就是公私分明,不能因私废公;二是"动静兼顾",就是办事要冷静,工作要主动;三是"即知即行",就是说做就做,不要怕错;四是"替人着想",就是对人对事都要为人着想;五是"训练自己",就是要勤学苦练、锻炼身体、努力上进。这些话语重心长,富于哲理,对我们今天的精神文明建设仍有教育意义。

思政微课《吴觉农》

第二节　中国茶德庄晚芳

> 1989年，庄晚芳经过深思熟虑，提出了"中国茶德"的设想，将现代茶文化提高到了一个新的境界，他将"中国茶德"精辟地概括为"廉、美、和、敬"四字。所谓"廉"，就是"廉俭育德"；"美"就是"美真康乐"；"和"就是"和诚处世"；"敬"就是"敬爱为人"。

一、走近庄晚芳

庄晚芳（1908—1996），茶学家、茶学教育家、茶叶栽培专家，我国茶树栽培学科的奠基人之一。毕生从事茶学教育与科学研究，培养了大批茶学人才。在茶树生物学特性和根系研究方面取得了成果。晚年致力于茶业的宏观研究，对茶历史以及茶文化的研究作出贡献。著有《茶作学》《茶树生物学》等。

庄晚芳，原名庄友礼，1908年出生于福建省惠安县，幼年家境贫寒，1924年考取了有生活补贴的集美学校师范部，1930年考入南京中央大学农艺系。1934年毕业后，经赵连芳介绍，到安徽祁门茶叶改良场工作。他带领练习生一起采茶、制茶，与茶工们工作、生活在一起，从而引起了对茶叶研究的兴趣。1938年，在福建省福安农校讲授茶叶课。1938年，担任福建省茶叶管理局副局长，曾到崇安筹办福建省示范茶厂，并在武夷山下组织开辟了数千亩新茶园，不久转至浙江衢州协助吴觉农筹办东南改良总场。1943年，福建省农林公司聘任他为总经理，吸收侨资，改善经营，取得很大成绩，为闽茶复兴打下了基础。1948年，先后赴中国香港、新加坡和马来西亚考察，访问了陈嘉庚先生。陈先生劝他回国从事教育，他深受启发，随即返回福建。这个时期，他逐渐向往革命，做了不少有益于中国人民解放事业的工作。

（一）教书育人培养茶学人才

中华人民共和国成立后，庄晚芳曾先后在复旦大学农学院、安徽农学院、华中农学院和浙江农业大学从事茶学教育。经他培养的专科生、本科生、研究生，以及苏联和越南的留学生约有2000余人。学生遍布全国各地，不少人已成为茶学专业的高级技术人才。1965年，他首次培养茶学研究生，成为我国茶学研究生教育的开端。庄晚芳知识渊博，曾讲授过茶作学、茶叶概论、茶树栽培学、茶叶加工学、茶叶经济、茶叶贸易学、茶叶审评、茶树生理等课程。在教学中，坚持理论联系实际，既重视课堂教学，又亲自带学生到茶区调查研究，参加栽茶、制茶等实践活动；坚持教学内容和教学方法的改革，不断更新教材，采取启发式教学方法；对学生要求严格，并言传身教。曾经带学生到安徽祁门和福建武夷山实习，亲手挖掘茶树根系，制作标本，使学生深受教育。在教学中，庄晚芳还十分重视教材建设。1961年、1979年和1988年曾3次受农业部委托，主编全国高等农业院校统编教材《茶树栽培学》。

编写时，从提纲拟定、内容取舍、初稿讨论直到最后定稿，都严格把关，提高了教材质量，受到高等农业院校茶学专业师生们的赞扬。半个多世纪以来，庄晚芳学术论著数量多、内容广、针对性强，有独特见解，在国内外都有较大影响。他编著的《茶作学》，早在1959年就被译为俄文，并在苏联出版；撰写的《中国的茶叶》及主编的《中国名茶》《饮茶漫谈》均被译为日文，在国外发行。1978—1979年，撰写的《一日千里的祖国茶业》《龙井茶香忆总理》在香港《大公报》上连载后，引起香港、澳门、台湾同胞和海外侨胞以及国际友人的强烈反响和高度评价。

庄晚芳不仅重视教学和科学研究，而且还重视科学普及工作。即使在"文化大革命"期间，依然克服困难，主编了《合理采茶》等4本科普小册子。1979年，在《中国茶叶》上撰文疾呼，要求广大茶叶工作者"都来关心茶叶科技的普及工作"。1983年夏，75岁高龄的庄晚芳，仍风尘仆仆地与同事们一道，奔赴淳安山区考察，现场指导，并为该县新创制的名茶挥毫题词，定名为"千岛玉叶""清溪玉芽""鸠坑毛尖"，促进了当地名茶生产的发展。1984—1988年，多次到厦门、泉州和桂林等地讲学，亲自编写讲义，普及茶叶科学知识，深受当地群众欢迎。

（二）创建我国现代茶树栽培学科

庄晚芳是我国茶树栽培学科的奠基人之一，重视并善于总结群众丰富的茶树栽培经验，主持并参加茶树栽培基础理论研究。1956年，编著的《茶作学》是我国现代茶树栽培学的重要专著，既系统总结了我国茶农宝贵经验，又全面介绍了苏联种茶先进技术，对我国茶树栽培的实践及理论都有较大的影响。20世纪50年代以前，我国茶园种植方式几乎全部为丛式茶园，单产低，管理不便。庄晚芳指出："至于发展新茶园，为了适应机械化，提高生产率，应该尽量采用条式茶园的布置。"现在我国各茶区发展的新茶园基本上都是采用条式茶园的布置。

1957年，庄晚芳关于茶树栽培的理论著作《茶树生物学》出版了。这是我国第一本系统论述茶树生物学特性的专著。该书对国内外茶学界长期争论的茶树原产地问题进行了全面、系统的论证，既批驳了拜尔通（Baildon）和勃朗（Brown）关于茶树原产印度的观点；更明确指出科恩·司徒"二元论"的错误；进而从野生茶树状况、人类利用习惯、栽培历史以及边缘植物的分布规律等方面，科学地推断"云南是茶树原产地的中心，四川、贵州、越南、缅甸和泰国北部是原产地的边缘。"庄晚芳的这一提法比吴觉农于1923年在《中华农学会报》上发表的《茶树原产地考》更为明确、更加具体。1981年，又发表了《茶树原产于我国何地》的论文，对此作了进一步的论述。大量的调查研究和有关细胞学、生物化学和古生物学的研究资料进一步证明，茶树原产地在云贵高原的论断是正确的。该书在论述茶树原产地和茶树形态学的基础上，重点阐述了茶树生长发育的基本规律，特别对分枝习性、新梢形成和根系发育及其与茶叶产量的关系，作了较详细的分析，使茶树修剪、茶叶采摘和茶园耕作、施肥等技术措施有了较系统的理论依据。这标志着我国茶树栽培开始从传统经验上升到现代科学水平。

1964年8月，《茶叶科学》创刊号发表了庄晚芳的学术论文《论茶树营养特点与茶园管理的综合技术》。首次阐明茶树的营养生长特点：①茶树营养生长的连续性；②茶树营养生长与生殖生长有先后但无明显界限；③茶树有高度适应营养条件的能力；④氮、磷、钾、锰、铜、铁、铝、锌、氟、铝等为茶树必需的营养元素。论文指出："过去栽培上把留养叶子当为'养蓬'的重要措施，其实保养根系同样是不可忽视的，……如果栽培上忽视根系的培育是个很大的错误。"在谈到低产茶园改造时又指出："特别是水土流失较严重，……土是基础，水是命脉，水土保不住，施肥、耕作也得不到应有的效果，增产便难保证"的科学论断。在科学论证茶树营养特点的基础上，辩证地分析了茶园土壤管理和茶树管理各项主要农业技术措施的作用及其相互关系，对我国在20世纪60年代以后建立的大面积高产稳产茶园具有理论上和实践上的指导作用。

在此期间，庄晚芳还就茶叶采摘问题发表了很多论文。在总结龙井茶区采摘经验的基础上，借用茶区普遍流行的茶谚："割不尽的麻，采不尽的茶""头茶不采，二茶不发""愈采愈发"，提出了著名的茶叶"愈采愈发"观点。现在，科学试验证明，"采"与"发"存在着密切的相关性。合理采摘不仅是茶叶收获过程，更是提高发芽密度的有效措施，不少茶树品种还具有"耐采"特性，足以证明其论点的正确性。此外，庄晚芳对茶树分类的研究，也有较深的造诣。早在20世纪50年代中期，他在《茶树生物学》中就明确指出，国外的各种茶树分类法"均不能完全适合我们现有茶树类型"。20世纪60年代初，提出了将中国茶树区分为7个主要类型的意见。1981年，同刘祖生、陈文怀合作发表了《论茶树变种分类》一文，以茶树亲缘关系、主要特征、特性和地理分布等为依据，综合多年的研究资料，提出如下的分类系统：茶树种以下分云南、武夷两个亚种；云南亚种包括云南变种、川黔变种、皋芦变种和阿萨姆变种；武夷亚种包括武夷变种、江南变种和不孕变种。此后，有人通过茶树细胞学研究，证实上述分类较为客观。

（三）重视茶史研究，弘扬我国茶文化

庄晚芳对中国茶史进行过深入研究。先后在《农业考古》《农史研究》等刊物上，发表了15篇学术论文。遵循历史唯物主义的观点，提出自己的独特见解；把茶史研究和对青年的爱国主义教育结合起来，如《茶叶与农民起义》和《茶叶与鸦片战争》。1988年，科学出版社出版了庄晚芳的著作《中国茶史散论》。该书汇集了他多年的研究成果，从茶的饮用史论证茶的起源和传播，并着重研究了茶的生产发展史、栽培技术史和采制技术史等，题材广泛、内容丰富，具有很高的学术价值。庄晚芳还高度重视研究祖国茶文化的恢复和发展。利用各种场合、满腔热情地向领导和群众进行宣传。以弘扬茶文化为宗旨的杭州"茶人之家"和厦门"茶人之家"，就是在庄晚芳的呼吁和宣传后建立起来的。在报刊上多次发表的文章以及向青年学生讲授的茶文化专题课中，都特别强调饮茶与社会主义精神文明的关系。例如，他在《光明日报》上发表《茶叶文化与清茶一杯》一文，对此作了论述。1989年，庄晚芳经过深思熟虑，提出了"中国茶德"的设想，将现代茶文化提高到了一个新的境界，他将"中国茶德"精辟地概括为"廉、美、和、敬"四字。

庄晚芳在积极倡导茶文化活动的过程中，还十分关注古代茶诗的发掘和现代茶诗的创作与宣传。曾说："读了一首好茶诗，正如品尝一杯芬芳的名茶，使人心旷神怡，其乐无穷。"1989年，由学生钱时霖选注，浙江古籍出版社出版的《中国古代茶诗选》一书，就是他热情鼓励与悉心指导下的成果。年逾八旬的庄先生仍兴致勃勃地参加了"浙江诗学会"。撰写的诗句，茶香诗韵皆浓。兹摘录题为《龙井茶品评会》的绝句如下：西湖龙井世称珍，炒制精工其技神；嫩绿微芽甘亦洌，香清味美引游人（原载《浙江诗词》创刊号，1989年）。

为了弘扬中华茶文化，庄晚芳十分重视祖国历史名茶的恢复和发展，以及新名茶的创制，多次深入茶区进行考察与指导。与同事于1979年撰写了我国第一本系统介绍全国主要名茶专著《中国名茶》，内容生动、深入浅出、文笔流畅，深受读者欢迎，为我国名优茶宣传与推广作出了重要贡献。

（四）热爱社会主义祖国，关怀青年一代成长

"祖国山河如画里，老来更爱两文明。"这是中华人民共和国成立35周年时，庄晚芳为浙江农业大学校刊的题词。字字表达了他对伟大祖国的热爱，对社会主义现代化建设事业的衷心拥护。早在中华人民共和国成立前夕，他就在中国共产党的领导下，热情地宣传党的政策，迎接福建解放。中华人民共和国成立初期，他在复旦大学任教，为解决台湾问题、团结华侨，做了不少有益的工作。在"文化大革命"期间，他从未动摇过对党和社会主义的信念。党的十一届三中全会以来，他更加精神振奋，壮心不已。1982年，庄晚芳就减轻茶叶税收问题向党中央提出了合理化建议，几天后，就收到了复信。他十分激动地对大家说："党中央如此器重知识分子，我们更应该为'四化'建设出谋献策。"他不但就茶叶产销体制改革、改进茶叶品质、普及科学技术、加强人才培养、深化教学改革等方面向各级党政领导提出一系列建设性意见，而且怀着满腔热情、不知疲倦地工作。"硕果秋林满，群贤祝贺忙；庄公志愈健，黄花晚更芳"是对庄晚芳执教50周年最好评价。

庄晚芳平时助人为乐，热心培养中青年一代。1979年，农业出版社约请他写两本科普读物，这对他来说，是轻而易举的事。但他却将这个任务主动让给两位中年教师去承担，并给予具体指导，仔细审阅和修改初稿，使他们得到锻炼的机会。1983年11月，浙江省茶叶学会召开理事会，酝酿推选中国茶叶学会理事候选人，他主动要求退居第二线，并积极推荐中青年同志上第一线，他的意见受到与会者的称赞。此外，他对来访者和登门求教的中青年，不论职位高低都毫无例外地热情接待。对来自全国各地的信件、论文和译稿，他都认真校阅和修改，并及时函复。当他严重的气管炎复发时，也不肯停止工作。这种全心全意为人民服务的精神，得到了人们的称赞和尊敬。党和政府对他作出的杰出贡献和他的崇高品德，给予了高度的评价和表彰。1984年，他荣获陈云同志亲笔签署的表彰状，这个荣誉他是受之无愧的。

二、庄晚芳红色足迹

2019年8月18日是庄晚芳先生故乡福建泉州泉港区山腰解放70周年纪念日，庄先生子女们受到福建泉州有关党、政组织邀请，前往老家参加纪念活动，揭开了庄先生在中华人民共和国成立前夕那一段鲜为人知的革命历史。

（一）山腰解放70周年纪念活动概况

庆祝山腰解放70周年活动由中共山腰街道党工委主办。2019年8月18日上午庆祝中华人民共和国成立70周年暨泉州泉港区山腰解放70周年座谈会在山腰盐场六楼会议室举行。泉州泉港区和山腰街道、埭港村等党政领导及革命前辈的家属、后代代表、后楼村党员、群众共160余人参加会议。

会议由中共山腰街道党工委副书记庄占彬主持。山腰盐场场长叶家云首先发言，他介绍了1949年8月18日山腰解放前夕的许多革命事迹。埭港村党支部书记庄小强作了题为"以史为鉴、不忘初心、传承奋进"的报告。接着，革命前辈的亲属、后代发言，分别回忆和缅怀老一辈革命前辈、先烈们为国为民的奋斗经历和光辉事迹，表示要"不忘初心、牢记使命"，传承他们的革命意志，教育后代，继续完成先辈们的遗愿。庄小盼作为革命先辈庄晚芳的后代代表也作了发言（图1-9）。最后山腰街道党工委书记柯永进作了总结发言，他在讲话中回顾了70年前山腰地区和山腰盐场那段革命历史和70年来的光辉历程，深切缅怀革命先辈、老一代创业者为解放山腰和建设山腰所作出的不朽功绩，并表示要大力弘扬先辈们的高尚品德和伟大精神。会议结束后，与会领导和来自各方的代表们合影留念；随后代表们来到望海楼参加"泉港区党史教育基地"揭牌仪式，并参观了后楼革命老区基点村、70年前城工部山腰支部所在地庄晚芳故居和盐署光荣起义签字地（图1-10）。

（二）解放前夕，庄晚芳参加革命活动足迹

70年前，在山腰解放的那一段时期，也有庄晚芳的一份贡献。20世纪40年代，庄晚芳出任福建农林公司总经理。1946年9月，中共闽浙赣城工部（以下简称城工部）在福建农林公司设立"福州市交通站"，由城工部地下党员林文学负责，他在该公司出任会计，受城工部副部长孟起直接领导。当时城工部地下党员中惠安籍的有庄晚芳（化名庄友）、庄祖荣（化

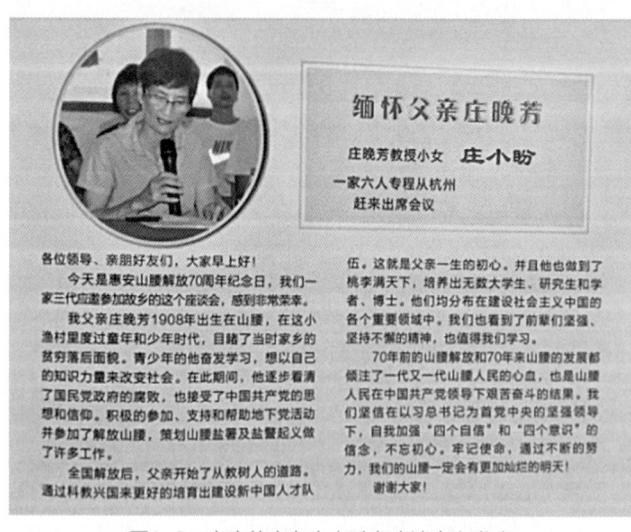

图1-9　庄晚芳小女庄小盼在座谈会上发言

图1-10　庄晚芳故居和盐署光荣起义签字地

名庄骅)、庄添能、许赐金、许伙东,他们都是交通站的成员。1948年初,福州市发生米案、海关案等(其中获取一笔巨款,由林文学乘坐庄晚芳的专车送交城工部副部长孟起,作为地下党活动经费)。福州市特务机关获悉是福建农林公司地下党员所为,福州市警察局欲拘捕林文学、许赐金等,庄晚芳出面交涉,坚决抵制捕人。同年秋,福建白色恐怖更为剧烈,到处捕人。1948年11月,庄晚芳、林文学等因形势所迫,撤回山腰后楼继续进行革命活动。至此"中共闽浙赣城工部福州市交通站"完成了历史使命,也为庄晚芳、林文学日后组建中共闽浙赣城工部山腰支部打下了基础。1948年11月,城工部地下党员庄晚芳、林文学和庄祖荣等转移到山腰老家,成立中共闽浙赣城工部山腰支部,庄晚芳任支部书记,宣传委员林文学(兼),武装委员庄添能、庄全贵、财务

图1-11 "正风补习学校"原址

委员庄祖荣、交通委员庄志远。书记庄晚芳与中共惠安县工委取得联系,在其领导下,创办"正风补习学校",以文化补习、教学为掩护,积极开展地下革命活动,培养骨干,壮大革命力量。校址设在望海楼楼上(图1-11),"正风补习学校"六字是庄晚芳手书,同时制定《学校简章》,自编学校校歌,翻印材料有《闽浙赣人民游击队行动纲领》《新民主主义》《中国人民解放军基本政策》等。学员有城工部党员、积极分子、山腰盐署人员和知识青年等70多人。学习内容包括党的基本知识、解放区党的政策、全国解放战争形势、文化科学知识和军事基本知识等。教师由庄晚芳、林文学、庄祖荣、庄绍林、庄全贵担任,庄全贵兼文化课外,还教授唱校歌及文娱活动,刻印革命宣传材料与教材。经过严格培训后,学员们的思想政治、组织纪律、军事行动迅速成熟,成立了一支30多人的武工队,作为城工部山腰支部领导下的武装力量。

1949年夏,伪县长覃斌组织"围剿"三朱游击队,山腰武工队配合"外围骚扰",进行反"围剿",庄全贵、庄添能书写标语,让庄细古、庄法水在夜深人静之时到山腰各地张贴,动摇当地的反动势力。城工部山腰支部还委派庄祖荣、庄文学、庄添能创建"惠盐公司"(惠安盐业公司),通过经营、运销海盐(山腰是福建主要海盐生产地)来筹集革命经费,为惠安、三朱革命据点地下党和闽中游击队提供大量的资金、情报、枪支、药品和粮食等物资。"惠盐公司"在惠安工委领导下,还利用和山腰盐署盐警的盐业业务往来机会,经常与山腰盐署、盐警负责人顾人增、苏秉淦接触,宣传革命形势和党的政策,积极开展策反山腰盐署盐警起义工作。1949年8月17日,福州解放。当天下午,庄祖荣、庄志远陪同苏秉淦、顾人增到三朱革命据点与中共惠安县工委领导朱汉膺会面,商谈起义的具体细节。8月18日,中共惠安县工委指派张海天、朱联法等10多人前往山腰盐场,以"闽浙赣游击队闽中司令部惠安人民游击队"(注:实际应为"闽浙赣人民游击队闽中支队司令部惠安人民游击队",据《莆田县志》资料显示,"闽浙赣人民游击队闽中支队司令部"为其上级司令部正式名称)的名义,正式接受盐警157名官兵和盐署起义。接受仪式在山腰后楼村庄晚芳的家中举行。苏秉淦、顾人增分

别代表盐警队、盐署向张海天呈交起义人员名册、武器弹药、财产物资、存坨盐斤等清册并签字,正式宣布起义;庄晚芳代表中共惠安县工委签字。当天下午,游击队和起义盐警队走上山腰街头举行游行庆祝活动,宣布山腰解放。

为了稳定山腰革命形势,1949年8月18日晚,中共山腰支部召开山腰房族长、地方绅士、盐署社长、保长等人员的会议。会上,庄晚芳书记讲话,宣布山腰解放,并要求大家共同维护山腰秩序。会议开得很成功,与会者认识到大势所趋,应该顺应新时代的到来。8月19日晚,在庄晚芳家门口堤上又召开了"盐署、盐警起义成功和欢迎县工委、城工部山腰支部进驻盐署联欢会",朱联法、林文学、庄晚芳、庄祖荣、连远等出席。8月22日下午,山腰支部接到县工委通知,立即组织人员参与解放惠安县城,由林文学、庄祖荣、庄添能等带领30多名武工队员和100余名起义盐警队员,从山腰出发,当夜在钟厝盐警队部待命。8月23日拂晓,朱汉膺从三朱带来武装人员会合,每人佩戴"闽中人民游击队"袖章,向惠安县城进发,8月23日惠安解放。当时,游击队进城后,吃饭成了难题,山腰支部成员倾尽家产支援革命。庄祖荣拿出1.1两黄金给林文学购粮,庄晚芳、庄祖荣自掏腰包,给游击队员每人发2块银圆,解决生活之需。9月1日,泉州市解放。随着解放全中国的脚步,人民解放军继续南进,庄晚芳等山腰支部的同志们筹备粮食和物资,供应过境的人民解放军,他还用自己的钱购买了球鞋和一些急用药品支援前线。

惠安解放后,庄晚芳谢绝了县工委委以的重任,在1949年冬赴上海的复旦大学任教,从事他一生热爱的教育事业,其间仍与上海解放军有联系(图1-12)。1950年春,党中央有关

图1-12　1949年冬,庄晚芳(前排右1)在上海与解放军27军军长彭法清(前排左2)合影

领导同志亲临上海部署解放台湾的准备工作,并当面指示庄晚芳协助第三野战军领导同志组建"东渡服务团",招收一批懂闽南话、具有一定文化程度和特殊要求的成员600人。在组建"东渡服务团"的时期,为了便于他利用自己独特的身份和关系,党中央有关领导同志指示他先不要以中共党员的身份从事工作。"东渡服务团"筹备组建不久后,因为朝鲜战争爆发等原因停顿下来。"东渡服务团"中的许多成员改赴抗美援朝战场。

抗美援朝结束后,由于种种原因,解放台湾被搁置,恢复庄晚芳中共党员的身份的事情也一直被搁置。后来他经人介绍,于1956年加入了民主党派——中国民主同盟,后来,曾多次担任过民盟浙江省委委员和浙江省政协委员。晚年,落实政策后,庄晚芳先生享受正厅级离休干部待遇。

(三)教育后代,永远跟党走

从2018年在浙江大学紫金港校区纪念他诞辰110周年暨中国茶德研讨会和2019年福建泉州泉港区山腰解放70周年纪念活动中,都能看到他闪光的一生。中华人民共和国成立前,他投身于中国人民的解放事业,在中共地下党的领导下积极开展革命活动。中华人民共和国成立初期,为了祖国的统一大业,也做了不少新的工作。"文革"期间他蒙受冤屈,虽身处逆境,却从未动摇过对党和社会主义的信念。党的十一届三中全会后,终于改正错划"右派",全面落实政策。庄先生的后半生更加全身心地致力于茶学的研究和教学育人事业,特别是为复兴中国茶文化和弘扬中国茶德作出了很大贡献。庄先生的一生是光明磊落的,他对工作、对事业兢兢业业,一丝不苟;生活上却淡泊名利,两袖清风。他生前经常教育我们要清清白白做人,踏踏实实办事;要听党的话,拥护党的领导,坚持走社会主义道路;要多做一些有益于人民的事。现在,他的老家福建正在筹建、完善"庄晚芳故居纪念馆",作为当地的爱国主义教育基地。庄晚芳生前的同事、学生和友人的大力支持,提供了许多宝贵的历史资料;庄先生子女将他的遗物、图片资料一并捐赠给筹建部门,还设想在纪念馆开设中国名茶陈列室等。不忘庄先生这一辈革命先辈们为国为民的初心,继承遗志,永远跟党走,在各自的岗位上,为建设社会主义强国,为实现中华民族伟大复兴作出自己最大的贡献。

三、中国茶德"廉美和敬"

庄晚芳中国茶德的形成共分三个阶段即中国茶德的萌芽、中国茶德的倡导及中国茶德的发展,通过庄晚芳自己公开发表论文较系统地阐述中国茶德"廉美和敬"的精神内涵,首次衍生中国茶道的三个层面内涵及其对传承发展中国茶德的途径指导。

(一)中国茶德的萌芽

早在1982年庄晚芳先生就提出"茶文化",其中"中华茶文化"被海内外茶学界所采用,并于1984年撰文发表在《中国农史》(1984年第2期)的《中国茶文化的传播》中有过这样的一段论述:"茶文化与人生关系极为密切,与政治经济、教育卫生、科学技术和文艺等,都有密切的关系。……茶的传布,……它受到许多因素的综合影响,其中以人类生活及其经济活动的影响最为显著。茶的传播也就是中国文化的传播。……我国陆羽《茶经》和日本荣西《吃茶养生记》，均带有修身养性，清神得道之义。我国的'茶德'，日本的'茶道'更成为极为考究的一种饮茶礼节。"其中第一次提到"我国茶德"。1986年，庄先生在《光明日报》上发表《茶文化与清茶一杯》文章中指出，"新中国成立后的一段较长时期，我们茶叶界仅聚焦于茶叶生产与销售的研究，对于茶叶物质文化的其他层面以及精神文化领域，无人进行宣传推广，甚至不敢涉足，基本上处于放任自流的状态。……实际上，茶叶本身蕴含着极为广泛的文化内涵。它不仅是一种饮品，更在漫长的历史进程中，对社会产生了其他文化难以企及的、既广泛又深远的影响。"1987年庄先生又在《茶叶》（1987年第1期）发表《发扬茶叶文化，促进文明建设》一文中总结性地提到："近年，每与茶人谈及今后茶叶工作，我几乎总要强调这一点'重视茶叶文化的总体发展，促进茶叶工作更好地为社会主义现代化和两个文明建设服务。'强调要'重视茶叶文化的总体发展'，并非指我们现在对茶叶文化及其发展，还不够重视，……至于茶的精神文化方面，毋庸讳言，至少在党的十一届三中全会之前未被重视，破多立少，没有得到相应的发展。"庄先生利用各种场合、满腔热情地向领导和群众宣传，于是以弘扬茶文化为宗旨的杭州"茶人之家"和厦门"茶人之家"顺势建立。

（二）中国茶德的倡导

1989年，在庄先生等老前辈的积极推动、大力弘扬中国茶文化的影响下，茶学界开始逐渐觉醒着力弘扬中国茶文化，5月份庄先生在《茶报》上首次提出了"廉、美、和、敬"的中国茶德。茶文化发展的氛围促成了10月份商业部、外经贸部和农业部在北京举办"首届茶与中国文化展示周"活动，全面展示了中国茶文化。庄先生于1991年先后在《茶叶》（1991年第3期）和《农业考古》（1991年第4期）上以"四字守则，四句浅释"和"（陈）文华同志留念"形式，建议宣传"中国茶德"，以增进当前两个文明的建设，提高经济效益和社会效益。四字守则"廉、美、和、敬"，即"廉俭育德、美真康乐、和诚处世、敬爱为人"。四句浅释分别是"廉俭育德：清茶一杯，推行清廉，勤俭育德。以茶敬客，以茶代酒，减少'洋饮'，节约外汇。""美真康乐：清茶一杯，名品为主，共品美味，共尝清香，共叙友情，康乐长寿。""和诚处世：清茶一杯，德重茶礼，和诚相处，做好人际关系。""敬爱为人：清茶一杯，敬人爱民，助人为乐，器净水甘，妥用茶艺，为茶人修养之道。"

1993年又在《茶叶》（1993年第4期）撰文《再论茶德精神——廉、美、和、敬》继续阐释中国茶德。"廉俭育德：茶德精神首先必须培育人民德行为的主要宗旨。茶饮是人民日常生活主要内容之一。……反腐倡廉，勤俭清朴，必须大力提倡饮茶，这是茶德精神首要任务。美真康乐：茶要美，沏茶用具要美，水要美，境要美，美中不能作假，以此为茶德精神的主要内容。妥用'茶艺'，适当采纳'茶道''茶礼'等一些礼仪，茶品要优美，水要活、甘、甜，器具因茶而异，洁净为要。……给人增添情趣，心旷神怡，健身益寿，快乐无比。和诚处世：和字有许多意义，就饮茶人来说，要给人体生理心理的融合，在进饮茶场所要和畅，做人要温和，助人为乐，才可以达到茶德的和好。……不但外表和，同时内心要诚，把和诚结合一起，才可以使茶德达到完善之地。敬爱为人：是指以茶敬客而言的，宾客有男女老少，东西南北各种不同的，因此应用茶艺也应当相应的变异，不能一成不变，同时也要适应客人的要求。敬字在茶道上茶礼上均作为主要宗旨，……要敬人爱民，要敬老爱幼，……把敬爱结合一起，以免敬茶表面化，失去了敬茶意义，失了茶德精神。"

（三）中国茶德的发展

近年来，在"茶为国饮、传承文化"和"以茶育德、立德树人"实践探索中不断丰富"廉、美、和、敬"的中国茶德内涵。孔子在《论语·述而》中说："志于道，据于德，依于仁，游于艺。"意思就是说："目标在道，根据在德，依靠在仁，艺是追求仁德过程中的活动方式。"换句话说："道行在外，德修在己，若要想求道行于天下，就必须得据守自己的德，以德为根据地，方可得道、行道而不失道。"由此可见，德是根本。陆羽《茶经》说道，茶之为饮，"最宜精行俭德之人"。他把饮茶看成"精行俭德"，进行自我修养、陶冶情操的手段。因此大多数人都认为，茶道的重点在"道"，是以修养身心为宗旨，参悟大道的饮茶艺术。孔子在《论语·为政》中说："道之以政，齐之以刑，民免而无耻；道之以德，齐之以礼，有耻且格。"意思就是说："政刑能使人暂时免于犯罪，而德礼却可以潜移默化地改变人。"换句话说："用德来引导、用礼来整顿。"由此可见，德是内在自省的、礼是外在遵循的。因此，在庄晚芳先生倡导的"廉、美、和、敬"中国茶德和张天福先生倡导的"俭、清、和、静"中国茶礼背景下，提出了中国茶道至少包括三个层面含义：首先是人们在饮茶过程中遵循的规范程序，并乐在其中；其次是人们可以通过饮茶活动，陶冶情操、修心悟道；最后还应是依据中国茶礼规范行为，中国茶德传递文明的精神活动。

关于对中国茶德和中国茶礼的传承发展，建议不要再去另寻一个新说法，关键在于知行合一地去贯彻执行，当然可以丰富新内涵、新理念，而不是新提法。关键在于落实执行，而不是另起炉灶重提新说。这也是庄先生的九字箴言"天地人，你我他，昨今明"的新"注脚"。

四、思政微课《庄晚芳》

（一）提出茶文化概念

早在1982年，庄晚芳先生凭借其敏锐的洞察力与深厚的学术造诣，率先提出"茶文化"这一概念。其中，"中华茶文化"一经提出，便凭借其丰富的内涵与深远的意义，迅速被海内外茶学界广泛采用。1984年，庄先生精心撰写的文章《中国茶文化的传播》发表于《中国农史》（1984年第2期），文中有一段关于茶文化的深刻论述。到了1987年，庄先生在《茶叶》（1987年第1期）发表《发扬茶叶文化，促进文明建设》一文。

（二）中国茶德倡导

1989年，在庄晚芳先生等一众德高望重的老前辈们的积极推动与大力弘扬中国茶文化的深厚影响下，茶学界仿佛从沉睡中逐渐觉醒，开始将目光聚焦于着力弘扬博大精深的中国茶文化之上。这一年的5月，庄先生在上海的《茶报》上，以其深邃的文化洞察与高度的社会责任感，首次郑重地提出了"廉、美、和、敬"的中国茶德理念，为中国茶文化的发展注入了全新的精神内涵与价值导向。

1．"廉俭育德"

庄先生认为，茶德精神的首要之义，便是要将培育人民的良好德行作为核心宗旨。茶饮，作为人民日常生活中不可或缺的重要组成部分，承载着更为深远的意义。在当时的社会环境下，反腐倡廉、倡导勤俭清朴的优良风尚已然成为时代的迫切需求。而大力提倡饮茶，正是践行这一理念的有效途径，因为它不仅能够满足人们日常饮品的需求，更能在潜移默化中引导人们树立廉洁自律、勤俭节约的价值观，这无疑是茶德精神的首要任务。

2．"美真康乐"

"美真康乐"这一理念对茶事的各个环节都提出了美好的期许。茶，作为主角，自然要具备上乘的品质，无论是茶叶的外形、色泽，还是香气、滋味，都应追求极致的美感。沏茶所用的用具，从古朴典雅的茶壶到精致细腻的茶杯，每一件都是美的化身，不仅在功能上满足沏茶的需求，更在艺术层面给人以美的享受。水，作为茶之灵魂，亦要追求纯净、甘洌之美，方能与茶相得益彰。而饮茶的环境，或静谧清幽的山林之间，或雅致温馨的茶室之内，都应营造出一种美的氛围，让人置身其中，心旷神怡。尤为重要的是，这一切的美都必须是真实无华的，容不得半点虚假。只有在这种真实而纯粹的美的环境中，人们才能真正领略到茶的魅力，获得身心的愉悦与健康，这便是茶德精神所追求的主要内容。

3．"和诚处世"

对于每一位饮茶之人而言，茶所带来的不仅是物质层面的享受，更是精神层面的滋养。在生理上，茶的温润可以舒缓身心，让人的身体达到一种和谐的状态；在心理上，茶的宁静能够平和心境，使人内心充满安宁与祥和。当人们走进饮茶场所，那种和畅的氛围便扑面而来，仿佛能将外界的喧嚣与纷扰隔绝在外。在这样的环境中，人们的言行举止也会不自觉地变得温和起来，彼此之间相互尊重、相互帮助，共同营造出一种融洽和谐的氛围。而做人，更应秉持温和的态度，助人为乐，将这种和谐的氛围融入生活的方方面面。同时，在追求外在和谐的过程中，内心的真诚更是不可或缺。只有将和与诚紧密结合在一起，表里如一，才能使茶德达到一种至善至美的境界，让人们在品茶的过程中，领悟到生活的真谛与处世的哲学。

4．"敬爱为人"

庄先生强调，"敬"字在茶道与茶礼之中，始终占据着核心的地位，是茶德精神的主要宗旨之一。在茶道的世界里，敬人爱民是一种基本的道德准则，无论是面对尊贵的客人，还是平凡的百姓，都应以敬重之心相待。而敬老爱幼，则是中华民族传统美德在茶文化中的生动体现。在茶礼的践行过程中，要将敬爱之情融入每一个细节，从沏茶的手势到递茶的动作，都应传递出真诚的敬意。只有这样，才能避免敬茶流于表面形式，真正让敬茶蕴含的深厚情感得以彰显，从而使茶德精神得以完整地传承与发扬。若缺失了这份真诚的敬爱，便如同失去了茶的灵魂，使得敬茶失去了原本的意义，也背离了茶德精神的初衷。

（三）庄先生的革命事迹

庄晚芳先生的革命事迹丰富而精彩，主要包括以下几个方面。

1. 参与地下交通站工作

1946年9月，中共闽浙赣城工部在福建农林公司设立"福州市交通站"，庄晚芳作为成员参与其中，积极协助传递情报、联络地下党员等重要工作，为党组织的信息沟通和行动协调发挥了积极作用。

2. 掩护地下党员

1948年，庄晚芳任福建省农林公司总经理期间，掩护了许赐金、林文学、徐祖添、庄添能等多名地下党员，并与他们共同商讨、开展革命工作，为保护革命力量作出了重要贡献。

3. 抵制警局捕人

1948年初，福州市发生米案、海关案等事件后，福州市警察局欲拘捕林文学、许赐金等。庄晚芳不顾个人安危，出面与警察局进行坚决交涉，抵制敌人的捕人行径，成功为保护同志赢得了宝贵时间，也为后来中共闽浙赣城工部山腰支部的建立打下了基础。

4. 组建山腰支部与创办补习学校

1948年11月，庄晚芳参与组建了中共城工部山腰支部，并担任支部书记一职。之后，他与中共惠安县工委取得联系，在其领导下，于1949年春在老家开办"正风补习学校"。该校以文化补习、教学为掩护，积极开展地下革命活动，培养骨干、壮大革命力量。

5. 组织武装力量

在"正风补习学校"，庄晚芳等教师刻印革命宣传材料与教材，对学员进行思想政治教育。经过培训，学员们思想政治、组织纪律、军事行动迅速成熟，并成立了一支30多人的武工队，作为城工部山腰支部领导下的武装力量。庄晚芳和庄祖荣还自掏腰包，给游击队员每人发2块银圆，解决生活之需，为开展武装斗争提供了有力支持。

6. 策反盐警起义

庄晚芳积极参与策反山腰盐署、盐警起义的工作。他与朱汉膺等同志多次商讨，代筹药品、运动鞋及枪支等物资，为起义成功奠定了基础。1949年8月18日上午，县工委派张海天、朱联法等到庄晚芳家楼上接受山腰盐署、盐警队起义，庄晚芳代表县工委签字，宣告山腰解放。5天后，在此楼又组织游击队员180多人参与"八二三"惠安解放。

7. 支援解放战争

1949年9月1日泉州市解放后，庄晚芳等山腰支部的同志积极筹备粮食和物资，供应过境的人民解放军。他还自己出钱购买了球鞋和一些急用药品支援前线，为解放战争的胜利贡献了自己的力量。

8. 协助组建东渡服务团

1950年春，党中央有关领导同志亲临上海部署解放台湾的准备工作，并指示庄晚芳协助第三野战军领导同志组建"东渡服务团"。庄晚芳积极承担起这一重任，在惠安、泉州等地挑选人才，招收了600名具备讲闽南语、中学文化、历史清白等条件的人员。虽然后来因军事策略改变，部分成员参加了抗美援朝，但他为解放台湾的准备工作付出了巨大努力。

思政微课《庄晚芳》

第三节　中国茶礼张天福

> 2017年6月4日，中国茶界泰斗张天福老先生逝世。消息传来后，在哀伤之余也不禁感到十分惋惜："二十世纪中国十大茶学家"中的最后一位专家也走了，这代表了中国茶文化史的一个时代的终结。"茶"字拆开解，为一百零八，故茶寿为108岁。按福建人的习惯，算虚岁，是对张老，也是对茶寿的一种美好寄寓。108年的风雨，见证一个世纪的茶业兴衰。张天福老人，最后一次用生命诠释了茶及茶人精神。"俭清和静人如茶，科教融合刊茶寿。"茶界泰斗张天福先生走了，沐浴着茶香芬芳，簇拥着一生传奇！

一、走近张天福

张天福（1910—2017），著名茶学家、制茶和审评专家，中国近现代十大茶叶专家之一。教授级高级农艺师，享受国务院政府特殊津贴专家，中国茶业界普遍把张天福称为"茶学界泰斗"。长期从事茶叶教育、生产和科研工作，特别是在培养茶叶专业人才、创制制茶机械、提高乌龙茶品质等方面有很大成绩，对福建省茶叶的恢复和发展作出重要贡献。晚年致力于审评技术的传授和茶文化的倡导。1934年6月，张天福获福建协和大学资助，东渡日本，并转道我国台湾地区实地考察茶业，1935年，再次赴台湾考察茶叶生产情况。1996年他主张综合中国茶圣——唐代陆羽《茶经》所提的"最宜精行俭德之人"和宋徽宗赵佶《大观茶论》所提的"致清导和""韵高致静"，提出以"俭、清、和、静"为内涵的中国茶礼。他说："俭就是勤俭朴素，清就是清正廉明，和就是和衷共济，静就是宁静致远，这种精神就是中华民族从唐宋以来所提倡的高尚的人生观和处世哲学。"

1910年8月18日，一个名医世家迎来了一名新生儿并为其取名：张天福。他是家中独子，父母对他寄予厚望，希望他将来继承祖业，将家族的医学继续发扬光大。然而，张天福并没有选择家族为他铺就的人生大道，当他看到祖国农业落后，人民常常连饭都吃不上时，他决定投身农业。1929年，他先在福建协和大学修完一年的基础课程后，转入南京金陵大学农学院深造。1932年，获得了农学学士学位，选择了茶业作为人生第一目标，从此，与茶业结下了不解之缘。大学毕业后，张天福回归故里，应福建协和大学校长林景润之聘任，任生物系助教。他除积极参加建立实习农场，为筹办农学院系创造条件外，还大量搜集并研读有关茶叶资料。

1934年6月，张天福获福建协和大学资助，东渡日本，并转道我国台湾地区实地考察茶业。回福建后，凭借对植物学的深厚功力，在《台湾之茶业》的考察报告中，果断认定台湾地区的茶树品种是从大陆传过去的。几十年后，他的学生，台湾茶叶专家吴振铎在《台湾茶业史》中也作了权威论述。1935年8月，张天福到福安县创办福建省立福安农业职业学校和福安茶叶改良场，任校长兼场长。这一时期，被张天福聘过来的科研人员、教师中有许多优秀人才，其中李联标、庄晚芳与张天福三人，更是共同入选1988年出版的《中国农业百科全书·茶业卷》的当代中国十大茶叶专家。

1937年4月，张天福引进的制茶机器，将福建从手工制茶带入了机械制茶时代，翻开了福建制茶史的新篇章。在抗战的特殊时期里，闽茶作为主要的外销货品，是换取外汇的重要物资，亟须领军人才。1939年11月，在重庆参加全国生产会议的张天福，正在筹建中央茶叶试验场之际，被召回了福建，临危受命到闽北崇安（今武夷山）筹办福建示范茶厂，这是当时全国规模最大的一个茶厂。1941年，由张天福创制的中国人自己设计、制造的第一台揉茶机问世，由于他开始构想设计木质手推揉茶机时，正值"九一八"事变，因此，当他的设想成为现实时，便将此机名为"9·18揉茶机"，以警醒国人"勿忘国耻，振兴中华"。殷殷爱国情，拳拳赤子心，可见一斑。第一台手推揉茶机的问世，结束了中国茶农千百年来用脚揉茶的历史。

1949年8月，时逢百废待兴之际，张天福回到了福州，协助筹建中国茶叶公司福建省公司，统管全省茶叶内外贸工作。1952年10月1日，张天福奉调到福建省农林厅。1953年，他将"9·18揉茶机"改进为"53式"揉茶机，1954年，他创造性地推出适制乌龙茶、绿茶的"54式"揉茶机，大大降低了茶农的劳动强度，提高了茶叶生产水平和茶叶的质量。此后，张天福走遍广大茶区，总结出"梯层茶园表土回填条垦法"，确保茶园水土不流失，不仅降低了生产成本，还保障了茶园高产、稳产、优产。之后，该方法向全国推广，并不断被广大茶区群众所掌握。1987年，年逾古稀的张天福所主持的省重点科研课题"乌龙茶做青工艺与设备研究"历时8年通过了省级技术鉴定。与会专家、教授一致认为，该成果解决了几百年来"看天做青"和"看青做青"靠天吃饭的落后工艺，在理论上和实践上都有重大突破，并首次将人工控制环境技术应用于乌龙茶制作中，对稳定和提高乌龙茶品质与制作机制，取得了创造性发展。

成立基金会是张天福的毕生心愿。他想用基金会来促进茶叶生产、科研、教育与茶文化健康和谐可持续发展，让基金主要用于奖励在茶叶生产、科研、教育等领域的一线作出特殊贡献的科技教育工作者以及品学兼优的茶学专业学生。在百岁华诞之际，张天福实现了这个愿望，由中华茶人联谊会福建茶人之家倡议创立的福建张天福茶叶发展基金会正式成立，他将此视为自己百岁生日的珍贵礼物。为此，他把自己仅有的80平方米的房子也捐给了基金会。为了中国茶业，张天福一生都在积极奔走。正如在百岁华诞的庆典上的发言中，他谦虚地说："我的一生，永远是学生，愿在有生之年，同大家一起，立足于解决福建茶叶生产中的现实问题，要深入实践，从源头创新、打基础做起，望能群策群力做出成绩，报效祖国和人民。"张天福他的名字已分别载入《中国农业百科全书》《中国当代名人录》和英国的《国际名人传记辞典》等辞书中。2014年，中国茶叶学会授予张天福先生终身成就奖。张天福一生心系茶事业，享年108岁，用一生走圆满的"茶"路。即使到了人生的最后关头，他依然在病床上，关心着中国茶界的事情。他的一生，是茶香芬芳的一生，他用一生的全心投入，承载起了万千茶人的家国之梦。他，无愧茶界泰斗之尊。

二、张天福科教合一

（一）科教合一，培育茶叶人才

茶学教育是茶学发展的关键之一，张天福先生的创新首先反映在他对人才培养的创新上，他从实际出发，以科学的教育观念培养创新型人才。首先，树立科学的教育观。张天福先生，1932年在南京金陵大学农学院毕业后立志研究茶叶，努力探索福建茶业人才培养的方法，并根据自己的切身体验，开创了科教合一的先河。早在1935年张老先生就在福安创办了福建第一所茶叶学校（福安农校），并担任校长，设置茶学专业，向全省招生，成为全国农业中专最早设置茶叶专业的学校。同时，他还在福安的社口创办了福建省建设厅福安茶业改良场，使之成为学生的实习场所，从而将茶业科研和茶业教学有机地结合起来。其次，确立新的人才观。张天福茶学创新教育的本质，是把创新型的茶人作为我国茶学教育的主要培养目标。新时代的茶人，不仅应具有丰富的茶学理论知识，更应拥有独立研发、熟悉市场等综合能力。创新能力尤其重要，张天福先生将教学与科研巧妙结合，重视理论联系实际，鼓励和支持创新，为社会培养出大量的茶学人才。

（二）推陈出新，发展茶叶科研

张天福先生渊博的知识、突出的创新能力和实践能力、独特的思维方式及勇于创新的精神，使他在茶叶科研中硕果累累。茶叶产业化发展有赖于茶叶加工机械化的发展。早在1936年，张天福就从日本引进了萎凋机、揉捻机、解块机、干燥机等全套制造红茶的机械设备，为了使该机械适合福建茶叶的加工特点，在科学总结国外茶叶加工机械的基础上，于1941年研制出我国第一台揉茶机，不仅促进了福建茶叶机械的发展，还推动了我国茶叶加工机械的发展。长期以来，乌龙茶加工摆脱不了气候条件的限制，因此质量不稳定、产量增长缓慢。张天福根据前人的经验与自己的长期探索，发觉制成好茶与温湿度条件有关。为此，在20世纪80年代就认为必须改进乌龙茶"看天做青、看青做青"的工艺流程，并亲自主持省重大科技项目"乌龙茶做青工艺与设备研究"，经过多年试验研究，提出了乌龙茶毛蟹（厚叶型）、黄棪（薄叶型）品种各季节做青环境最佳温湿度参数，证实了"乌龙茶加工可以不受气候限制，进行人工气候环境做青对稳定和提高品质完全可行"的结论，并提出了乌龙茶主要品种的做青工艺规程方案，为乌龙茶进入机械化、连续化、程控化生产提供了科学依据，为促进乌龙茶的大规模生产作出了突出贡献。这一科研成果已成为当今乌龙茶空调间做青的理论基础，在乌龙茶生产史上具有里程碑意义。在福建茶树品种改良方面，张老先生功不可没。首先引进了云南大叶种在福安、崇安试种，此后福建省茶科所从福鼎大白茶和云南大叶种的天然杂交后代中，选育出福云6号、福云7号等福云系列优良品种，为福建省乃至全国茶树无性系良种的普及作出了重要贡献。同时，张老先生提议建立崇安、福鼎良种示范场，在建场之初，就设立茶树品种观察园，率先总结短穗扦插技术经验，为福建的品种选育创新作出了积极的贡献。

（三）建立教学生态型茶园

20世纪80年代初，张天福先生受聘福建省农业科学院茶叶研究所技术顾问，他到福安后十分关心福安农校教学情况，认为除茶科所作为校外实习场所外，必须做好校内实习场所建设，建立教学基地，才能更好地贯彻现场教学和科教合一。在实习茶园建设中，严格按"等高梯层、表土回沟、深垦施肥"的基础上建立生态型茶园，在张天福老校长的卓越见识和茶学精神的指引下，学校按高标准要求设置茶树品种园、教学生产园、试验园、剪穗母本园、苗圃和制茶厂的机械设备配套等几个部分的实习场所。茶园装上喷灌设施，茶山道路种植黑金香思、银合欢等豆科遮阳树，路面梯壁和周围四边地种上多种绿肥和牧草，边角地种橄榄、杨梅等果树，形成茶、林、牧结合的立体、生态型茶园。这在当年全国茶叶学校中还是少有的，曾深得贵州湄潭茶科所和襄阳、屯溪、婺源等兄弟农校来访者和参观者的好评，并为兄弟院校树立了样板。该校经2000年教育部组织专家对办学的评估，于2001年6月起被教育部授予第一批国家级重点中专学校。建校几十年来，学校为福建省培养了大批优秀中级、高级专业技术骨干、领导干部以及集团企业优秀专业人才，农校越办越好。喜看今朝桃李满天下，一个集"学园，科园、花园、乐园"为一体的农业职业学校，又以崭新的姿态出现在八闽大地上。

（四）高瞻远瞩发展茶文化

民族的就是世界的，我国作为茶文化的发源地，其悠久而浓厚的茶文化在市场经济的大浪中与多种文化碰撞、融合。张天福先生以其独特的视角，创新地诠释中华民族悠久的茶文化，率先提出"茶尚俭，勤俭朴素；茶贵清，清正廉明；茶导和，和衷共济；茶致静，宁静致远"的茶文化发展思路。这正是中华民族历来提倡的一种高尚人生观和处世哲学，因此，呼吁在福建省建立一个茶文化组织。在他积极的提倡、宣传、组织、协办下，以宣传茶文化为主要目的的"茶人之家"于1999年在福州成立，成为广大茶人论艺、品茗、吟诗、挥毫的场所。在历届"茶王赛"上，他也不遗余力地宣传推广茶文化，倡导"以茶为国饮"，提出"中国茶礼"，通过茶文化底蕴的挖掘与创新诠释，突出了我国茶叶的特质，有利于增强市场竞争力，提高产品附加值。

三、中国茶礼"俭清和静"

乌龙茶专家张天福先生，一生与茶结缘，对中国茶文化有精深的研究。他认为《人观茶论》中评价北苑茶的"致清导和""韵高致静"，是将饮茶提高到修身养性的境界。认为中国的茶文化传到日本，衍化为日本茶道，其内涵为和、敬、清、寂；传播到韩国，将品茶称为茶礼，奉行和、敬、俭、真。众多的茶道虽然称呼不同，其内涵一致；可概括为平和、恭敬、俭朴、安静。先生提倡的中国茶礼"俭、清、和、静"四字箴言：茶尚俭，就是勤俭朴素；茶贵清，就是清正廉明；茶导和，就是和衷共济；茶致静，就是宁静致远（图1-13）。

图1-13 茶人张天福90岁时手书的中国茶礼"俭、清、和、静"四字箴言

(一)茶尚俭:勤俭朴素

俭,即俭约、节省和克勤克俭。茶之德行,俭是本性。陆羽《茶经》反复强调了一个"俭"字,在"一之源"中,谈到茶"为饮,最宜精行俭德之人",在"五之煮"中,提出了"茶性俭"。陆羽对煮茶之锅要求用生铁制成,瓷、石不耐用,若用银制,则过于侈丽,这种观念仍然是崇俭。陆羽《茶经》所强调的"俭德",是以茶性本身所具有的朴素之性,倡导一种朴实古雅的茶饮美德。因之俭而生之廉,因之廉而生之威,也因此而具有高尚的人格,更让人尊敬。崇俭,就是倡导勤俭朴素的思想与社会道德风尚。以茶崇俭,以俭育德,既是中国茶文化的精义,也是一种高尚的处世哲学。中华传统向来非常重视俭朴这种美德,把它视为至宝,认为非此德无以长久,所以把它作为一种可贵的价值理念和做人的基本原则。

(二)茶贵清:清正廉明

茶向来被认为是清高之物,苏轼在《叶嘉传》中赞誉茶的秉性恬淡清白、品格清高,"少植节操,胸怀大志。"韦应物的《喜园中茶》有"洁性不可污,为饮涤凡尘,此物性灵味,本自出山原。"道出名茶多出深山幽谷中,最具大自然的清水灵泉之气,外形清秀,香味清幽,最能清人心神。"一碗喉吻润,二碗破孤闷。三碗搜枯肠,唯有文字五千卷,四碗发轻汗,平生不平事,尽向毛孔散。五碗肌骨清,六碗通仙灵。七碗吃不得也,唯觉两腋习习清风生。"卢仝的《走笔谢孟谏议寄新茶》茶诗强调了喝茶的至高享受,让人达到至高的精神境界。茶性清淡,最宜精行俭德之人。清,可以清心。历史文人墨客从茶的品饮中感悟到茶之清,由茶汤的清浊升华到为人的清廉,延伸到人的品质清白,即由物的清俭深化为人格与道德的象征,也由此出现了以茶代酒的清正廉明之风。客来敬茶,以茶会友已成为人们交往时的传统习惯,清茶一杯,既不失礼又体现廉正,为人们所称道。

(三)茶导和:和衷共济

"和",小则家和万事兴,大则世界和平,人类安宁幸福。茶文化重视"礼之用,和为贵"。我国有古训曰："天时不如地利，地利不如人和。"可见"和"之重要。大陆和台湾，一水相隔，隔开了两岸的中国人，但两岸茶文化的交流是隔不断的。"两岸品茗，一味同心。"正是这种两岸亲情和茶情的写照。和，中气平和，茶性平和，茶的香味以和为贵，饮茶应有一种平和之气润泽于五脏六腑间，久不能去。茶是和平的使者，茶文化中的和平性，是与生俱来的重要属性。茶的文化效应，茶在交际中良好的、健康的中介功能，可以间接有效地化解许多产生于民间的不安定因素，具有不容忽视的社会稳定性。茶道以"和"为最高境界，无论是宋徽宗的"致清导和"，陆羽的谐调五行的"中"道之和，还是刘贞亮的"以茶可行道"之和，都以"和"作为中国茶文化的精神。

（四）茶致静：宁静致远

中国古代哲学把"静"看成人与生俱来的本质特征，静则虚明，明则通，"无欲故静"，心无所欲则虚而自明，这无疑是讲究去杂欲而得内在之精微。心静才能品出茶中百味，体茶之净洁。《茶经》强调饮茶重在"品"字，也就是注重它的精神过程。品茗的真趣就是要达到"冲澹、简洁、高尚、雅静之韵致""致清导和，韵高致静"（宋徽宗《大观茶论》）。入静是一种功夫，需要一定的涵养美德。茶文化是一剂最好的"清醒剂"，可让人在静品中领悟到省己，领悟到修身及个人人格自我完善的意义。这是茶性与人性静根的效能感应。

张天福认为"礼也者，理也"。中国是礼仪之邦，中国礼仪包含丰富的茶文化内容。张天福主张"俭、清、和、静"为中国茶礼，先生是这样提倡，也是这样力行的。他一生事茶、一生爱茶、一生俭朴、淡泊名利、待人诚恳、勤俭办事、讲究实效、谆谆善教，一生遵循"茶礼"的规范，致力弘扬中国茶文化。

四、思政微课《张天福》

第一，要学习和弘扬的应该是张老热爱生活的顽强生命力。张老之所以如此让大家敬仰和铭记，摆在第一位的一定是他让我们真正见证了"茶寿"的高度和深意！试看张老传奇的一生，很大程度上是匠星的一生，除了一生嗜茶，还懂得养生"一足五忘"（即知足常乐，忘形、忘劳、忘怀、忘情、忘年）之道，真正践行了"人生如茶"。他的一生，是茶香芬芳的一生，无愧茶界泰斗之尊。

第二，要学习和弘扬的应该是张老开创了中国茶业教育与科技相融合的先河。其实这就是当前高等教育一直在推行的"工学结合、产教融合"办学模式。他既是茶校校长又是茶场场长，"科教合一培育茶叶人才、推陈出新发展茶叶科研"，教书育人和科学研究有机融合，这既是我国教育必走之路，也是我国传统产业转型升级智力源泉。

第三，要学习和弘扬的应该就是张老身上的开拓创新精神。无论是1941年9月18日由张天福创制的中国人自己设计、制造的第一台木质手推揉茶机（"9·18揉茶机"），还是历时8年创新乌龙茶"做青"关键技术，无不昭示着中国制茶技术唯有通过不断创新，才能逐步实现手工到机械、机械到自动、自动到智能的发展规律，因此创新技术和创新人才是企业发展的不竭动力。

第四，要学习和弘扬应该就是张老事茶一生的体验感悟：俭清和静的中国茶礼。他说："茶尚俭，勤俭朴素；茶贵清，清正廉明；茶导和，和衷共济；茶致静，宁静致远"，以此提倡文明健康的生活方式，提高人们的生活质量，他还把四字饮茶礼仪升华到为人处世之道。这是张老对我国茶文化内涵丰富与哲学思想，集中体现了茶圣陆羽关于茶"为饮，最宜精行俭德之人"的论述，不久的将来"俭、清、和、静"的中国茶礼定会成为张老对中国茶文化贡献的标志性"注脚"！

思政微课《张天福》

第四节　以茶植贤王家扬

> "爱人者，人恒爱之；敬人者，人恒敬之。"王家扬倡导"天下茶人一家"。中国应该加强茶文化的国际交流与宣传，通过宣传使外国茶客在消费时，不仅仅是停留在看"有机、绿色、无公害"这些标签上，而是以茶文化为依托，使茶叶成为一种意识。我们的茶文化，不但要走出去，还要延续下去，这就必须依靠茶文化教育。《尚书》云："明德惟馨"，意为唯有美德才能百世流芳。这正是王老高风亮节的写照。

一、走近王家扬

王家扬（1918—2020），杰出的领导干部、浙江发展的卓越推动者，浙江政治经济社会建设进程中的关键人物之一。资深的革命家，以毕生精力为党和人民的事业不懈奋斗，备受浙江各界敬重与爱戴。

王家扬同志1919年3月12日出生于浙江省宁海县，1938年10月参加革命工作，1939年6月加入中国共产党。先后担任上海市崇明岛三区民运工作队支部书记，江苏省启东县工委宣传部部长，海启五区、四区、新七区、如皋县双岔北区区委书记，区大队政委，东台县委组织部部长、县委副书记，台北县委书记、县警卫团政委，江阴县委书记。1949年4月起先后任无锡市委委员、市总工会副主席、党组副书记，苏南总工会秘书长、副主席、党组副书记，苏南行署监委委员，江苏省总工会第一副主席、党组副书记。1956年9月起先后任全国总工会生产部部长、办公厅主任、书记处书记、党组成员。"文革"期间受到冲击。1972年5月后任北京市海淀区委书记兼区革委会主任，北京市革委会建委副主任兼政治部主任。1978年5月任浙江省委常委、宣传部长兼杭州大学校长。1981年5月任浙江省委常委、省政府副省长。1983年4月任浙江省政协主席、党组书记。1994年2月离休。无论是在革命战争年代、和平建设时期还是在改革开放新时期，王家扬同志都保持了一名共产党员的优秀品格，把毕生精力奉献给了党和人民的伟大事业。"文革"期间，到干校锻炼并下放劳动，他对党的信念毫不动摇。恢复工作后先后担任浙江省委常委、宣传部部长、省政府副省长，坚决拥护和贯彻执行党的十一届三中全会路线，解放思想，拨乱反正，积极贯彻科教兴国战略，为浙江省文教事业的改革与发展竭尽心力，作出了重要贡献。他敢闯敢试、敢为人先，不畏艰辛，知难而进，筹建创办了浙江树人大学（现改名为浙江树人学院）。离休后，仍十分关心党的建设和社会经济发展，心怀桑梓，情系教育，多次为家乡建设和教育事业慷慨解囊，在家乡宁海县捐资设立了"王家扬奖教奖学基金"、在树人大学捐资设立了"王家扬树人奖学金"；发起并成立了中国国际茶文化研究会，在海内外茶人之间架起茶文化的桥梁。

二、"一棵茶树"王家扬

20世纪80年代初，浙江公办高等教育资源极度匮乏，难以满足经济社会建设急需的大量人才。以时任浙江省政协主席王家扬先生为代表的一批老领导、老教育家，为了心中的教育强国梦，急国家之所急，急人才之所急，亲手发起创办了浙江省第一所民办高校——浙江树人大学。管子曰："一年树谷，十年树木，百年树人。"浙江树人学院校名寓意于此。学校创立之初，办学极其艰难。创办者们几改校名、几迁校址、几募人才，始终未改兴学育人之心。为解决办学用地，老领导们踏遍了杭州城郊；为筹措办学经费，老教育家们走企业、访港台，四处筹钱，甚至自掏腰包、倾其所有；为聘请高水平教师，办学者们奔忙于杭城的各大院校，把当时浙大、杭大等兄弟院校的一批名教授请进了课堂……正是这种为国植贤的担当、百折不挠的意志、树人为本的情怀，支撑着一所这样民办高校，以顽强的品质深深扎根在浙江这片改革的土壤，逐步走上规范化和可持续发展轨道，焕发出勃勃生机。

中共浙江省委原副书记、浙江省原省长沈祖伦对王家扬有一个评价："他一以贯之，总是站在新事物一面，与改革者站在一起，给改革者支持。"在王老的倡导下，于1991年就在树人大学开设茶艺课程，开创了全国高校开设茶艺课程先河；于1994年设立丽沁居茶艺社，是较早设立茶艺社的高等学校之一；2003年设立茶文化（大专）专业，是全国高校中首家设立茶文化专业的院校；2004年王家扬老校长在浙江树人学院20周年校庆时写下"一棵茶树"4个字（图1-14），寄语浙江树人学院学子茁壮

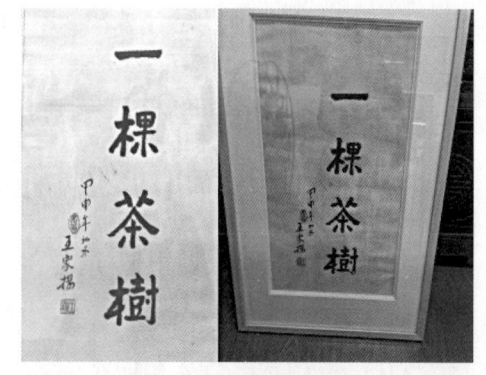

图1-14 浙江树人学院20周年校庆时王家扬老校长为茶文化专业手书"一棵茶树"

成长；2011年从茶文化专科升格本科（茶文化贸易方向）层次。

2019年成立（浙江树人学院）国际茶文化学院，将继续秉承"崇德重智、树人为本"校训，以"以茶育德、以茶植贤"理念，创建"服务茶文化产业链人才培养"办学定位，为社会培养具有国际视野应用型茶文化复合人才。本着"人才培养培训，文化交流开放"宗旨，共同建设集"人才培养、文化开放、创新驱动"为一体的成长型国际化平台，将青年一

代的茶人和创业者推举到平台的前沿，助力茶文化事业、茶产业焕发光彩。创办浙江树人学院，是王老晚年最为得意的一件大事。王老90岁那年，曾赠与树人学院谆谆寄语："树大在改革中诞生，也要在改革中前进。"其实这句话，不仅仅是对"树大"，也是一位革命老前辈对浙江发展的寄语。2023年"以茶育德，以茶植贤"育人实践入选浙江省文明办"浙江有礼·四个一百"评选中"有礼实践"典型。

三、创茶文化国际交流

当代茶史上就有众多茶人志士为"弘扬茶文化，倡导茶精神"奔走呼号，终身事茶，从而使茶文化成为中华民族的瑰宝，也毫无愧色地屹立于世界茶文化之林，正如被誉为"当代茶圣"的吴觉农在20世纪20年代所言："中国茶叶如睡狮一般，一朝醒来，决不会长落人后，愿大家努力罢！"由于历史的原因，国人对茶与茶文化的"觉醒"比起国际的步伐来是慢了"半拍"。待到改革开放的新时期来临，喝茶已不再仅仅是一种解渴、药用的功能，讲究品茗，谈论茶文化，已渐渐成为时尚，但毕竟零零落落，不成气候，这就迫切需要组织、引导、提倡。中国当代茶文化之兴起，始于20世纪80年代，一些茶文化书籍陆续出版。但茶文化复兴的标志，是1990年秋天在杭州召开的中国国际茶文化研讨会和此后成立的中国国际茶文化研究会，其主持人和发起人都是浙江省政协原主席王家扬。王家扬先生因势利导，和与会者多次酝酿，为了推动茶文化的研究，需要成立一个常设机构，在会议结束时提议在杭州成立中国国际茶文化研究会，大会一致推举大会组织人、召集人王家扬先生担任筹备组组长。杭州中国国际茶文化研讨会揭开了中国当代茶文化复兴的序幕，而作为当代茶文化复兴之标志，还是3年后由王老发起倡议成立的中国国际茶文化研究会。1993年，经民政部批准，中国国际茶文化研究会正式成立，由农业部和文化部主管（后划归农业部），王老众望所归，被推选为会长。

茶是绿色的饮料，茶是和平的使者，茶是友谊的桥梁，茶文化是世界各民族共同的精神财富。王老一直把茶文化看作是人类迈向未来的一座桥梁，并以此高度认为"在茶文化中，蕴含着进步的历史观和世界观，它以平和的心态，实现人类的理想和目标"。2006年10月，王家扬被推选为"世界茶联合会"会长。2008年5月，中国国际茶文化研究会成立15周年。鉴于王家扬先生在弘扬茶文化、发展茶文化事业方面作出的重大贡献，中国国际茶文化研究会授予他"茶文化特别贡献奖"。王老创导"天下茶人一家"，紧密地团结海内外茶人，围绕茶文化这一大目标，最大限度地发挥大家的积极性与创造性。帮助中国国际茶文化研究会吸引了中国、日本、韩国、美国等国家的茶人参与。"世界茶联合会"的宗旨是凝聚世界茶人力量、推动全球茶事业繁荣，并将与世界各主要茶国的相关机构和团体建立广泛的交流与合作平台，以传播茶文化、宣传优质茶产品和倡导茶叶健康消费为工作重点，促进世界名茶的品质提升、推动国际茶产业的发展和进步。王老爱茶、敬茶、事茶，为弘扬茶文化不遗余力，开创了一个茶文化研究的"春天"。"爱人者，人恒爱之；敬人者，人恒敬之。"在王老身上，体现着我国传统文化的魅力。在新时代，王老在茶文化研究界的倡导者、开拓者的地位不变。浙江树人学院国际茶文化学院将秉承王老加强茶文化国际交流夙愿，继续致力于弘扬中国茶文化,促进中国与世界人民的交流与往来;致力于中国茶企扬帆起航"出海"发展的实现需求,加强中国茶文化国际教育与传播;致力于世界茶文化"各美其美、美人之美、美美与共"的教育理念,为茶文化产业国际化发展未来培养国际化、复合型人才,为中国茶文化未来绘制出"茶和天下"的美好蓝图。

四、思政微课《王家扬》

致中国茶文化界"植树人"

其实我真的不认识您,
假如没有来到树大工作,
也一定不会有这篇短文。
对您的了解,
基本是停留在,
茶界前辈的传说中,
但是,一点也不影响,
我对您的崇敬。
今天,为了写好这篇短文,
我查阅了,所有可以了解您的资料。
听了树大的《树人之歌》。
看了程启坤老师对您,
创立中国国际茶文化研究会的视频介绍,
翻录了宁海3分钟,对于您的介绍,
知道了,何为家国情怀。
拜读了您写的,
《忆鲁迅、柔石》。
知道您根正苗红,
早年就投身革命。

还研读了您写的,
《亦师亦友忆故人(陈立)》,
明白了,您创办树大的初心——
拾遗补阙,为国树人。
与改革者同行,
为改革者助力。
同时也知道了,
浙大四校合并,
您也曾不遗余力。
《文化交流》人物春秋,告诉我,
您是,茶文化研究"领头雁",
您是,"茶为国饮"首倡者,
您是,茶文化要从娃娃抓起倡导人,
您就是,中国茶文化界"植树人"。
爱人者,人恒爱之;
敬人者,人恒敬之。
有的人死了,他还活着。
王老,您就是,
永远活在我们心中,
与茶长存的"植树人"!

思政微课《王家扬》

第二章 茶科技赋能新时代

第一节 机制红茶冯绍裘

> 冯绍裘是机制茶之父、滇红创始人,被称为中国著名的红茶专家。他一生潜心茶叶研究和生产,改写了戴维斯描述的云南茶叶历史。他寻得中国红茶宝地,创制出世界一流红茶,并开启了中国红茶新纪元,为我国培养出大批的茶叶专家。1987年,冯绍裘先生在武汉病逝。追悼会上有这样一副挽联:祁红滇红宜红洒尽心血芳名垂青史,种茶制茶品茶传授技艺桃李满天下。

一、走近冯绍裘

冯绍裘(1900—1987),字挹群,湖南省衡阳市人。机制茶之父、滇红创始人,滇红集团首任厂长,原顺宁试验茶厂厂长。1923年毕业于河北省保定农业专科学校,1924—1928年在安化茶叶讲习所任专业课教师。1933年,冯绍裘先生第一次担任修水实验茶场技术员,负责宁红茶的初制、精制试验工作,后受胡浩川先生(祁门茶叶改良场场长)聘请到祁门试制红茶,并在该场设计了一套红茶初制机械设备,开创了我国机制红茶的先例。1938年,祁门茶场开始疏散,冯绍裘先生应邀到中茶公司工作,9月中旬,为了开辟新的茶叶出口产区,中茶公司派冯绍裘、范和钧到云南调查茶叶产销情况,冯绍裘被分到顺宁(今凤庆县),即请凤山茶园试采芽叶5千克,分别制成红茶、绿茶各500克,茶样寄到香港茶市,被誉为中国红、红茶之上品,滇红由此诞生。1939年3月开始筹建顺宁实验茶厂,当年试制滇红16余吨,经香港转销伦敦,优异的产品品质引起了国际茶叶市场的震动。

根据《湖南省档案》农业历史资料记载,安化县茶叶试验场沿革始于1917年(民国6年)创办于长沙岳麓山的湖南茶业讲习所,1920年,湖南茶业讲习所迁址至安化。1928年(民国17年),改为湖南茶事试验场,由现代中国茶叶大师冯绍裘担任首任场长。冯绍裘在安化最早是从事科研和教学工作。1928年,湖南茶叶讲习所因经费困难停办,改名为湖南茶事试验场,冯绍裘被委任为场长,直到1932年调离。1924—1928年,他先后在湖南茶叶讲习所任专业课教师和教务主任;1928年开始,他在湖南茶事试验场任场长,同时从事科研和教学工作。1932年,冯绍裘设计的木质揉茶机(群众称其为绍裘式揉茶机),开湖南茶叶制作机械化之先河;冯绍裘在我国成功地创制了"宁红""祁红"之后,为了开辟新的茶区,1938年秋,被中国茶叶总公司派往云南调查茶叶产销情况,以求扩大茶源,增加出口。冯绍裘风尘仆仆、不辞辛劳地寻遍云南各大茶区,于11月初到达顺宁。1940年,云南红茶统一改称"滇红",一直沿用至今。1939—1940年,在云南省茶叶公司的指导下,先后创办了顺宁(凤庆)实验茶厂、佛海(勐海)茶厂、宜良茶厂、复兴茶厂和康藏茶厂。中华人民共和国成立后,冯绍裘任湖南省茶叶公司总经理,中南区茶业公司副总经理,湖北省茶叶进出口公司总技师,高级工程师,武汉大学茶叶专修科副教授,中国茶叶学会第一届、第二届理事。1953年开办西南茶叶干部学习班,1958年创办安化县茶叶学校,为我国茶业界培养了一大批技术人才;1958年4月最早研制成功分级红茶(即红碎茶),让湖南成为国家出口茶产品(红碎茶)的重要基地之一。

冯绍裘一生潜心茶叶研究和生产,足迹遍布中国广大茶区,成功地创制了中国三大名茶——宁红、祁红、滇红。他的一生从未间断过对茶业的执着追求,直到1987年病逝,享年87岁。为了铭记冯绍裘创制滇红名茶的历史功绩,树立起了我国茶业发展史上的一个重要里程碑。激励茶界后人大展宏图、再创辉煌,1995年,在凤庆茶厂塑立了冯绍裘铜像(图2-1)。

图2-1 冯绍裘铜像

二、机械革新创滇红

当年戴维斯在南茶马古道上见到了不少中国茶叶,对云南的普洱茶和绿茶印象深刻,这些茶主要销往我国西藏等地，每年有900吨之多，可见当时茶马古道运输之繁忙。戴维斯认为这些茶叶不适合欧洲人的口味，在云南和欧洲之间也不会有茶叶贸易。然而，44年以后，中国茶叶专家冯绍裘正好沿着戴维斯走过的路再到鲁史，再过青龙桥，又进了顺宁，改写了戴维斯描述的云南茶叶历史。"滇红"，以它特有的香高味浓著称于世，以它独具的形美色艳驰名中外。每当看到或听到国内外报纸杂志各界人士称颂"滇红"的时候，总禁不住思潮奔涌，仿佛回到了创制"滇红"的那些岁月。每每友人向冯绍裘询问，"滇红"是怎么样创制出来的，冯老总无暇作答。从1938年秋到1941年秋，创制"滇红"经历了调查、创制、建厂成批生产三个阶段。

（一）市场调查

"七七事变"不久后，冯绍裘被疏散离开祁门茶叶改良场。1938年春，应中茶公司寿景伟、吴觉农先生电邀到汉口参加该公司工作，任技术专员，搞茶叶产销技术工作，同年8月随中茶公司迁往重庆工作。9月中旬，即被派往云南调查茶叶产销情况。一同前往的有旧中茶公司专员郑鹤春先生，10月中旬，他们由昆明乘汽车三天到达下关，然后步行山路十来天，11月初始到达顺宁。当时已是秋末冬初时节，但看到顺宁县凤山茶树成林，一片黄绿，惹人喜爱。茶树均为单本植，高达丈余，芽壮叶肥，白毫浓密，芽叶生长期长，顶芽长达寸许，成熟叶片大似枇杷叶，嫩叶含有大量黄素，产量高、品质好，这些云南大叶种茶的特点，非常符合冯绍裘制作红茶的标准。经了解，云南各茶区当时只生产青毛茶，属绿茶一类，高温杀青后，揉捻、晒干而成，然后由茶商到产区高站收购，驮运到茶叶集散市场，设厂压制各种"紧形茶"以便运销，其中饼茶侨销、"紧茶"（心形）边销、沱茶内销，从来没有生产过红茶。

（二）红茶试制

在试制红茶期间，由于顺宁地处山区，交通困难，百余里山路，只能靠骡马驮运，机器设备必须在大理拆卸成零件，用马帮驮运到凤庆，来回需费时半个月。马帮在金舵从大理至凤庆之间的路程中，有一条五尺宽的石板山路，必须在江边放下驮子，商人们乘竹筏而过，马自己凫水到对岸。为了早日试制成功，冯绍裘等人土法上马，使用人力手推木质揉茶桶、脚踏烘茶机、竹编烘笼烘茶等办法，保证滇红试制工作顺利开展。一向不生产红茶的云南，能否生产出好的红茶呢？从调查的情况来看是完全可能的，如能采用大叶种茶创制出好的红茶，其发展前途是无可估量的，为此，大家怀着满腔热忱，决心试一试，创制名茶为中华民族争荣。到顺宁第二天即商请凤山茶园试采"一芽二叶"样品，以观察其品质的优劣，找出问题之所在。一切都很如意，两个茶样，看去一红一绿，宛如一金一银，使人不胜欣喜。红茶样，满盘金色黄毫，汤色红浓明亮，叶底红艳发光（橘红），香味浓郁，为国内其他省小叶种红茶所未见。绿茶样，满盘银白毫，汤色黄绿清亮，叶底嫩绿有光，香味鲜浓清爽，亦为国内绿茶所稀有。

当时把试制的红茶、绿茶邮寄香港茶市，人们认为这两种茶堪称我国红茶、绿茶中之上品。沿长江南北一带地区都不产冬茶，而云南迤西顺宁初冬季尚能生产这样的高级红茶、绿茶叶，诚属可贵。经了解，云南迤西以南一带气候温暖，从不下雪，四季如春，土壤肥沃，茶树生长旺盛，采摘期长，从3月初到10月底，一年9个月都有芽叶可采，量多质优，实为大叶种优良茶区，尤宜于红则大有作为。12月转回昆明，兹将顺宁茶区茶叶产销情况和试制的红绿茶样品向中国云南省经委汇报，取得中华人民共和国成立前当地政府同意，由郑鹤春和冯绍裘先生负责筹建云南茶叶公司和顺宁实验茶厂，并负责"滇红"的试制生产和运销工作。

（三）建厂投产

1939年初，云南小经济委员会决定由郑鹤春负责云南省茶叶公司；由冯绍裘即刻着手规划筹建顺宁实验茶厂。建厂工作在旧小茶叶公司支持和具体帮助下，进展顺利，一方面先搭临时厂棚，赶制竹木器具投入生产，并加紧向茶农宣传如何改制红茶冯绍裘始终认为这是想要制出好茶必不可少的一环；另一方面则忙于征用土地50余亩，积极兴建茶厂。建厂艰难，难在缺乏建筑材料和建筑工人。当时，凤庆搞建筑，材料必须在两三年前备齐后才能雇工新建，建筑工人缺乏或者说根本没有。他想过缓建茶厂？可强烈的为业精神，促使他想方设法建茶厂。建筑材料难买，想法八方寻购；建筑技工没有，想法四处寻请。当年在万分艰难中，建起七开间烘干车间、九开间精制车间、四丈高烟囱，为大批量生产滇红名茶，建起了必备的厂房。建厂艰难，难在缺乏制茶技术工人。他在筹建茶厂的百忙中，一面开办茶工短期培训班，培训当地生产茶叶的技术工人；一面又到安徽、浙江、湖南、江西等省招聘制茶技术工人。在他的多方面努力下，艰难地造就了制造滇红名茶的技术工人。

建厂艰难，难在缺乏制造茶叶的机器。当时，国内所有机器制造厂从没有设计制造过滇红茶所要的制茶机器，这能难倒具有强烈为业精神的冯绍裘吗？没有图纸，自行设计；油料缺乏，设计增加脚踏功能，使机器成为动力与脚踏两用。承造厂不知其用途，多厂不敢承造。几经周折、交涉、恳求，终于感动了厂方，同意承造。制造中配件不齐，又奔波于全国各大工业商场寻觅，在其智慧与技能的融合下，自行设计的绍裘式"三筒式手揉机""脚踏与动力两用之揉茶机""脚踏与动力两用之烘茶机"应运而生，从此，结束了我国不生产制茶机械的历史，开创了我国机制红茶之先河。建厂艰难，难在没有茶具。当时，凤庆传统的制茶方式，设备简陋到只有铁锅和摊笆。制造红茶需精制的茶箩、茶箕、茶筛，这些茶具在凤庆属不识之物。当地篾匠要制作一件茶具，他说其要领至舌敝唇焦亦难领会，他不得不一一做成模样，令其仿做，结果仍大小不一，歪斜屈曲，不合要求。这一严酷的事实，能将他费苦心的火苗熄灭吗？不能，为应急需，先从外省购进。再教、再鼓励凤庆篾匠多看、多思、多练。冯绍裘对事业、对人民就是有着这种诲人不倦的深厚感情，这种感情能化解迟钝，能长聪明、长技术，能使凤庆篾匠制出精制合格的茶具来。艰难生产，难在没有厂房，先出好茶。收鲜制的大好时令到了，当时没有生产红茶的任何设备，面对一贫如洗的空地，冯绍裘有经济学家、科学家、实业家的头脑。他边建茶厂、边搞生产，创造奇迹。他组织搭临时厂棚，赶制茶具，收鲜制茶，三天就制出好茶来。他敬业之心惊奇又踏实，开拓进取之心急切又科学，别人想不到的他想得到，别人办不到的他办得到。冯绍裘有很强的超前意识，在临时厂棚里，他将生产好的滇红名茶与祁红名茶作了精心的对比研究、取长补短，使滇红名茶的质量更优,为登上国内外名茶宝座打下了坚实的基础。

此外,通过中茶总公司,向安徽、浙江、湖南、江西等省招聘技工,举办培训班,积极培育制茶技术人员和技工。当时,顺宁实验茶厂机构和员工配备:厂长室,由冯绍裘兼任厂长;生产室,主任技师童衣云,技师祁曾培、冯元伯;业务室主任吴国英(冯绍裘离云南后代厂长);总务室主任周东白,会计室主任蒋振庸等;初制、精制技工(图2-2)。顺宁地处山区,交通困难,百余里山

图2-2 "云南茶界的黄埔军校"顺宁实验茶厂全体员生合影

路,只能靠骡马驮运,所以制茶机器设备和物资购运既难又慢,为了争取早日试制,在机器和动力设备没有配齐安装完毕的情况下,采取土法上马,使用人力手推木质揉茶桶,脚踏烘茶机,竹编烘笼烘茶等办法,保证"新滇红"试制工作顺利开展。1939年,约500担(1担=50千克)的第一批"新滇红"终于试制成功了,当时没有木箱铝罐,即用沱茶篓装运香港,然后再改木箱铝罐出口。

"滇红"创制出来了,当时,冯绍裘拟定名为"云红"意即安徽"祁红",湖南红茶称"湖红",故云南所产红茶亦可称"云红"也,同时又想借天空早晚红云喻义其中,但云南省茶叶公司方面提议用"滇红"雅称,即借云南简称"滇",又借得巍巍西山龙门瞰下秀丽的滇池一水,也别有妙处,不违众人之意,最终以"滇红"定名。1940年后,"滇红"经过多年发展,逐渐成为祖国茶史上的一朵灿烂的名茶之花。"滇红"问世之后,国际市场上齐加赞赏,认为外形内质都好,可与印度、斯里兰卡红茶媲美。据说英国女王将"滇红"置于透明器皿内作为观赏之物,视为珍品,特别是中华人民共和国成立后,"滇红"又进一步得到发展,现在"滇红"已占云南省茶叶出口量的85%,为我国社会主义建设挣得了大量外汇,立了功劳。传统当然需要继承发扬,新的事业更需要努力建树,加快步子进行"四化"建设,需要更好的名茶。当时经茶叶界同事们的努力又创出一些新兴的名茶,为蓬勃发展我国历史悠久、誉满全球的茶叶事业,不辞辛苦,不避艰难,不拘一格地栽培出一朵又一朵名茶之花。

滇红茶在凤庆诞生,并以星火燎原之势向云南省四处发展开去。从此,云南茶叶由零星分散种植到普遍大量栽培;现代化的茶厂机械生产代替了手工作坊;茶叶科研教育从无到有;茶叶由主要供内销到行销全国30个省(自治区、直辖市)到出口50多个国家和地区。到1995年,云南省产茶县由中华人民共和国成立前的30个县发展到108个县;茶园由1600公顷发展到24006公顷;万担以上产茶县达25个;国营精制茶厂达70个;固定资产达8953.48万元;精制茶产量达648158担(其中滇红工夫茶118791担,红碎茶234576担),一半以上是滇红;产值达1351818万元,利润额达255197万元,上缴利润205637万元。从而使云南跻身于

全国重点产茶省的行列,成为全国重要的优质红茶生产基地。茶叶则由自然优势变成了云南的经济优势,成为富民兴滇的重要支柱产业。

三、滇缅路上茶易战资

抗日战争全面爆发后,战场上揪心的消息一个接一个传到凤庆:北平、天津、上海相继沦陷,日寇打进中原,兵临湖南、湖北……许多鲁史人应征修筑滇缅公路(图3-3),开辟抗日战略交通要道。1938年10月,一个年近不惑的湖南人从昆明出发,乘汽车沿滇缅公路颠簸了3天,先到下关考察了沱茶,对来自凤庆的大叶茶非常感兴趣,用一双脚走了10天,来到鲁史,再到凤庆考察。在茶马古道上,这位湖南人似乎对什么都不关心,一路上见茶就看、摸,含在嘴里品上一阵,再采几片茶叶装进包里。1938年12月6日,国民政府中央经济部与云南省经济委员会合资,创建云南茶叶贸易股份有限公司,开办顺宁实验茶厂,负责红茶的试制生产和运销工作,拟将红茶取道滇越、滇缅出口换汇。

图3-3 被誉为中国抗战的"输血管"和"生命线"的滇缅公路

(一)国难当头,遍寻茶源

1937年7月7日,卢沟桥事变爆发,北平、天津相继沦陷,日军开始全面侵华,大片国土相继沦陷。国内工厂机构纷纷迁往西部,战火绵延我国东南各省茶区,重点茶区相继沦陷,茶叶产量受到制约和破坏。传统的出口创汇产品——祁红、闽红(均为小叶种茶制造)等红茶货源被切断,为了维护红茶在国际上的现有外销市场,中国茶叶公司便开始寻求开辟新的出口红茶货源基地,并在西南各大茶区组织扩大茶叶生产,继续以茶业出口换取外汇,购买武器等军需支援抗战。1938年夏,中国茶叶总公司安排专员郑鹤春、技术员冯绍裘前往云南调查茶叶产销情况,以求扩大茶源,增加出口。

临出发前,负责国民政府贸易茶叶产销的吴觉农找到冯绍裘、郑鹤春谈话,吴觉农说:"茶叶是中华的国饮,茶叶经济十分重要,尤其是现在战事紧张的时候,为了挽救中华民族,政府需要充实经济资源,亟待谋取大后方的发展。茶叶成了国防物品,它可以换取军需，赢得战机。后方特别是云南茶叶的发展可以弥补战区各省的茶叶损失，维护华茶的国际市场和国际经济地位。绍裘，今天我把鹤春你们二位找来，就是要把这个十分重要的任务交给你俩，你俩考虑两天来答复我。"冯绍裘和郑鹤春接到这个任务后，心情十分复杂，云南的人文、气候、地理状况和茶叶生产方式、茶叶的品种都与中原一带有很大区别，不要说制茶困难，单是交通就很艰难。然而，为了能给国家争取到更多的外汇，为了争取抗战的早日胜利，第二天，他们表示无论前面的道路有千难万险，无论云南茶区环境有多恶劣，他俩将勇往直前。1939年，第一批滇红约500担终于试制成功了，当时没有木箱铝罐，先用沱茶篓运到香港，然后再改木箱铝罐包装。首批500担滇红茶经香港而出口到英国，首次亮相国际舞台，滇红以它的形美色艳、香高味浓轰动世界，一举成名。国际茶人纷纷夸赞："云南茶叶以此为最。"首批茶便以每磅800便士的最高价格售出，创下国际红茶市场价格新高。从此，滇红成为抢手的贸易商品，身价一路高涨。

（二）出口创汇，支援抗战

战争是物资的消耗，是交战中物资和补给力量的较量。由于抗战时期盟国提供给中国的援助物资大多要求以中国的农产品和矿产品作担保，当时中国出口贸易的农产品中主要以茶叶为主。当时出口滇红所创的高额外汇，被用于购买大量的军火和军需物资投入了抗战，并换回大后方工农业发展和人民生活所需要的物资，缓解了大后方的物资紧张，对保障民生稳定起到了积极的作用。滇红是在抗战需要中催生的，在抗战岁月中发展，出口后又换回了一大批军火、原材料、机器设备及其他物资，有力支援了抗战。因滇红与抗战结下的这份深厚情缘，滇红茶又被称为"抗战之茶"。在当时，有"1吨'滇红'换10吨钢"的说法，出口滇红茶，在高峰时一度占云南茶叶出口额的85%以上，为当时国力相对薄弱的国家经济建设立下了汗马功劳。1959年开始，滇红被国家定为外事礼茶，定形定量生产，直至20世纪80年代才开始内销。如今的滇红，正在续写着自己与抗战的传奇故事，继续坚守初心，传承爱国情怀，努力为国家创造新的辉煌！

四、思政微课《冯绍裘》

（一）创制滇红

冯绍裘真是点茶成金，小小的茶树叶片一经他的妙手加工成滇红茶，便一发不可收地荣登名茶宝座，继而以人类永远的朋友的身份驰名世界，架起了一座金碧辉煌的联系世界的友谊桥梁。如今，滇红名茶已成为世界各国人民普遍喜爱的饮料。可以说，把滇红名茶这一传播友谊的健康饮料奉献给世界各国人民，是冯绍裘及滇红茶人对世界的卓越贡献。冯绍裘创制、发展滇红名茶功勋卓著、利及全球，其历史功绩青史永垂。冯绍裘倾尽心血创制的滇红名茶不仅为祖国赢得了荣誉，而且换来了大量的外汇。滇红名茶位居茶冠，孕育出了为国争光的累累硕果，凤庆茶厂因此被云南省授予"出口红茶质量先进单位""出口创汇先进单位"。冯绍裘创制的滇红名茶为世界茶史增添了精彩绝伦的一笔，其地位与作用高山仰止、振奋人心，其掌声与辉煌超越时空、芬芳永恒。全省128个县/市中，有108个县/市产茶，涉及人员1000多万,占全省人口的四分之一。茶叶收入已成为云南茶区各族人民经济的重要来源,在国民经济发展中占有重要的地位。

(二)培养茶叶专家

冯绍裘开启了中国滇红茶的新纪元,他在领导、为业、科学、创新、聚才、用才、人品、茶品等方面在中国茶业史上都具有典范性。冯绍裘在创制滇红名茶的过程中,培养了一大批茶叶专家。冯绍裘在创制滇红名茶的过程中,培养了一大批茶叶专家。他们为创建顺宁(凤庆)茶厂作出了艰苦卓绝的贡献,为发展滇红名茶进行了许多开创性的工作。1939—1940年,在云南省茶叶公司的指导下,先后创办了顺宁(凤庆)实验茶厂、佛海(勐海)茶厂、宜良茶厂、复兴茶厂和康藏茶厂。他们的厂长都是从顺宁茶厂技术员中调任的,如技师祁曾培调任康藏(下关)茶厂厂长;总务主任童衣云调任复兴茶厂厂长兼宜良茶厂厂长;技术主任唐庆阳调任勐海茶厂任副厂长、厂长,任职长达35年;技术员吴国英担任凤庆茶厂厂长,任职时间长达28年。中华人民共和国成立后,祁曾培在北京茶叶总公司任技师职务。为扩大滇红名茶生产,推广红茶初制技术,中茶总公司于1952—1954年连续3年派祁曾培深入凤庆指导工作;制定滇红茶初制工艺规程,为云南普及滇红茶生产奠定了技术基础。1958年5—8月,第二商业部茶叶局又派祁曾培到凤庆县华严庵初制所蹲点,与凤庆茶厂技术人员试验研究滇红茶初制工艺、机具设备和红碎茶揉切机。正是这批茶界先辈、精英为云南滇红茶的发展奠定了基础,才使从成立省茶叶公司以来的半个多世纪,云南茶叶生产发生了翻天覆地的变化,取得了令人瞩目的业绩;为中国茶业的振兴,为中国茶叶在世界上取得辉煌成就,作出了杰出贡献。

(三)国难当头,遍寻茶源

1937年7月7日,卢沟桥的枪炮声划破了宁静的夜空,震惊中外的卢沟桥事变就此爆发。这一事件,如同恶魔的狰狞咆哮,宣告着日军全面侵华的开始。北平、天津,这两座承载着厚重历史与文化的城市,在侵略者的铁蹄下相继沦陷,紧接着,大片国土如被黑暗吞噬般,纷纷落入敌手。

在这山河破碎、风雨飘摇的时刻,国内形势岌岌可危。为了保存实力,寻求发展生机,国内众多工厂机构被迫作出艰难抉择,纷纷举家迁往西部。而战火,这头无情的猛兽,也毫不留情地蔓延至我国东南各省茶区。那些曾经孕育着茶香、承载着无数茶农希望的重点茶区,一个接一个地陷入敌手,惨遭蹂躏。茶树被践踏,茶园被荒废,茶叶的产量遭受了前所未有的制约与破坏。

曾经作为我国传统出口创汇的拳头产品——祁红、闽红(二者均以小叶种茶为原料精心制造)等红茶,其货源也因战争的肆虐而被无情切断。国际市场上,中国红茶的身影逐渐消失,外销市场面临着前所未有的危机。然而,中国人民并未就此屈服。为了维护中国红茶在国际上来之不易的外销市场,更为了通过茶叶出口换取宝贵的外汇,进而购买武器等军需物资以支援抗战,中国茶叶公司挺身而出,毅然决然地踏上了寻求开辟新出口红茶货源基地的艰难征程。他们在西南各大茶区积极组织扩大茶叶生产,决心在困境中闯出一条生路,为抗战事业贡献力量。

1938年的夏天，炽热的阳光似乎也在为这片饱受战火摧残的土地而悲愤。中国茶叶总公司紧急安排专员郑鹤春，偕同经验丰富的技术员冯绍裘，肩负着重任，前往云南展开对茶叶产销情况的全面调查。他们的目的只有一个，那就是在这片尚未被战火完全波及的土地上，寻找扩大茶源的可能，从而增加茶叶出口，为抗战提供有力的经济支持。当时的国际形势极为复杂，盟国虽为中国提供援助物资，但大多要求以中国丰富的农产品和矿产品作为担保。而在众多出口贸易的农产品中，茶叶无疑占据着举足轻重的地位。在这样的背景下，滇红应运而生。它宛如一颗璀璨的新星，在抗战的艰难岁月中闪耀着希望的光芒。

滇红，这一凝聚着无数心血与汗水的茶叶品种，自诞生之日起，便肩负起了特殊的使命。其出口所创造的高额外汇，如同一场及时雨，为抗战提供了至关重要的支持。这些外汇被用于购买大量的军火和军需物资，源源不断地投入抗击日寇的战斗中，为保卫祖国的每一寸土地提供了坚实的物资保障。同时，它还换回了大后方工农业发展急需的原材料、机器设备以及人民生活所必需的物资，极大地缓解了大后方物资紧张的局面。从工厂的运转到百姓的日常所需，滇红的贡献无处不在，对保障民生稳定起到了积极作用。

滇红，是在抗战的迫切需要中艰难催生的。它在战火纷飞的岁月里顽强发展，每一片茶叶都承载着抗战的希望。当它出口到世界各地，换回的不仅仅是物资，更是中国人民抗击侵略的坚定信念与不屈力量。正是因为滇红与抗战结下的这份深厚而特殊的情缘，它又被人们深情地称为"抗战之茶"，成为那段艰苦卓绝岁月中不朽的传奇。

思政微课《冯绍裘》

第二节　茶种资源李联标

> 一粒种子可以改变一个世界，一项技术能够创造一个奇迹。作物种质资源是现代农业的"芯片"，是保障国家粮食安全、生态安全和能源安全的战略性资源。习近平总书记强调，"农业现代化，种子是基础，必须把民族种业搞上去"。李联标首先发现野生乔木型大茶树，对研究茶树起源与原产地作出了重要贡献。在研究旧茶园改造、新茶园养成技术、探索茶树高产优质规律和茶树品种资源收集、保存、鉴定、利用等方面，取得了重要成就，是我国茶叶科学研究先驱之一。

一、走近李联标

李联标（1911—1985），江苏省六合县（现南京市六合区）人，茶学家、茶树栽培和育种专家，茶叶科学研究先驱之一。长期从事茶树综合丰产栽培技术、茶树品种资源调查和良种选育工作，对浙江省茶业的发展，特别是浙江和华东地区旧茶园复垦更新复壮、综合治理和新茶园发展起到积极推动作用，主编《中国茶树栽培学》，是中国茶叶学会和浙江省茶叶学会创始人之一。

1911年7月14日，李联标出生于江苏省六合县。1917—1923年就读于私塾，6年的学习使他熟练地掌握了古汉语。1923年考入金陵大学附属中学，1930年考入金陵大学农学院农学系，1935年毕业，获学士学位。大学毕业后，在福建省福安茶叶改良场从事茶叶研究工作。1936年到中央农业实验所河南开封工作站，从事小麦推广工作。抗日战争全面爆发后，随所迁往四川成都。1939年转赴贵州湄潭，筹办中央农业实验所湄潭实验茶场，任技士并负责技术工作。从此，开始了他漫长的茶叶科研生涯。他一向勤奋好学，在湄潭期间，白天工作繁重，晚上还经常学习到深夜。1945年以优异成绩考入美国纽约康奈尔大学农学院和加利福尼亚理工学院生物学部进修，从事茶叶中酶性质的研究，与勃纳（Bonner）博士联名在美国《生物化学》杂志（1947）发表了茶叶中多酚氧化酶的研究论文。

（一）早期主要贡献

1. 为茶树品种资源的调查、保存和利用作出贡献

1939年，李联标担任湄潭实验茶场技术室主任，建场当年就拟订了"全国茶树品种征集与鉴定"研究项目，先后在全国13个省征集了270个地方品种。20世纪50年代末和70年代中，他担任中国农业科学院茶叶研究所栽培研究室主任，又在杭州领导建立了大规模的茶树种质标本圃，收集保存了一批茶树种质资源，为茶树新品种选育研究提供了丰富的材料。1941年，整理出黔北四县（湄潭、凤冈、务川、德江）地方茶树品种10个，有的在农家推广后受到好评。

2. 在国内首先发现野生大茶树

1941年，李联标在中央农业实验所湄潭茶场（图2-4）工作期间，虽然当时贵州的交通十分不便、生活极端困难，但他却自带行李步行，对湄潭、凤冈、务川、德江四县的茶树地方品种进行调查时，在务川老鹰山岩上首次发现我国野生乔木型大茶树，把驻印英军勃鲁士少校宣布的在印度阿萨姆皮珊新福区发现的野生茶树所引起的原产地争论，又掀起辩论高潮。

图2-4　李联标曾经在民国中央实验茶场工作旧址

3. 对改造旧茶园、茶树密植有独到见解

李联标是一位面向实际的茶树栽培专家,他认为茶叶科学属于应用科学,目的是为发展茶叶生产服务。长期以来,他的研究选题都和茶叶生产紧密关联。20世纪50年代初,我国旧茶园面积很大,牵制了茶叶生产的迅速提高,1962年,在他的亲自主持下,派科技人员到全国重点产茶地之一的浙江嵊县和富阳建立基点。经过调查研究,了解到旧茶园改造技术之所以无法广泛推广,一是低产原因不清,技术没有因地制宜地得到推广应用;二是长远利益与眼前收入有矛盾,群众不敢轻易接受新技术。他提出"根据茶树生物学特性,全面规划,分期分批改造"的建议,使长短期的利益得到统一,从而推动了旧茶园的改造。茶树密植一直是学术讨论热点,李联标在搜集研究国外主要产茶国种植密度和调查国内不同种植密度生产效应基础上,1963年亲自主持密植试验,探明密植增产科学规律,提出了株数、覆盖度、芽密度的种植密度概念及茶树丰产的动态概念。这对密植增产原理是一个重要的发展。实践证明,他的这些论点和技术措施基本上是正确的。

(二)茶叶丰产栽培研究成果卓著

李联标一贯强调,要发展茶叶生产,必须坚持科研导向。从20世纪60年代起由他主持的"茶树丰产综合栽培技术研究",一直持续到20世纪80年代仍担任重点科研项目"茶树高产栽培技术及其规律的研究",组织全研究室的力量,分组协作攻关。研究提出了茶叶产量的形成特点、茶园最适种植密度范围、最佳定型高度、高产茶园的主要土壤理化指标、最适田间持水量和灌溉技术参数及提高技术经济效益等系列研究成果。李联标作为该重大项目(集体完成)组织者和主持人,以他渊博扎实的专业素养指导,使该项目圆满完成、成果丰硕。

晚年,李联标对丰产研究更加重视向纵深发展,指导研究生用^{15}N同位素示踪法研究茶树在秋冬季对氮的吸收、运转和分配规律,发现了秋肥的作用和适宜的供氮期。在不同茶园水分的条件下,研究了茶树活性、碳氮代谢及吸收功能,得出适宜的供水条件可以提高体内氧化还原酶促反应及碳氮合成代谢的结论,并引出今后应加强灌溉的自动监测控制研究。

(三)作为首席茶叶专家助力新茶区开发

1964年、1965年和1976年,他先后参加了甘肃、西藏和山东发展新茶区的考察工作,以他丰富的理论知识和经验,为祖国新茶区的扩展与延伸做了许多工作。西北地区和山东省原是我国茶叶的主要集散地:荒地多,气候高寒、雨量稀少,土壤偏碱。为了科学地论证上述地区是否适宜茶叶生产,农业部、对外贸易部和国家民委组织多专业科学家实地考察。李联标作为首席茶叶专家,根据收集的气象、土壤和社会经济资料,取得了在若干地区发展茶叶生产的依据,提出了初步规划。现在,甘、藏部分地区茶叶生产已发展了起来,且产量逐年有所增加,不仅弥补了上述地区茶叶需要量的不足,还降低了运输成本,减轻了消费者的负担。李联标为开创新区所付出的辛勤劳动,已结出丰硕果实。1976年山东新区遇到一次特大冻害,灾情之重、范围之广是试种以来未曾有过的。他立即组织力量去灾区调查茶树冻害情况,提出了许多加强茶树越冬管理的技术措施,同时还亲自调查了日照、莒南、蒙阴、胶

南、荣成、乳山、太安、新太等县的茶树冻害，总结了茶园地形、方位的选择、有效抗寒防护措施，以及引种抗寒品种、采用增强茶树抗寒力等栽培措施，为后期同类茶区茶树受害后的救护与培育发挥了重要的作用。

（四）潜心培养茶叶科技人才

李联标在湄潭实验茶场工作期间，正值日本侵略军侵华之际，半壁山河沦陷。他深知，为挽救国家的命运，必须提高人民的科学文化水平，决心为振兴中华培养人才。教育学生"应当立大志做大事，不要当大官，人生以服务为目的。"提倡机关学文化，倡导职业教育，还担任了湄潭职业学校第一期茶科班主任，深受学生敬爱，师生感情甚笃。后来，这些学生成为贵州茶叶事业的骨干力量。1958年，农业部决定在杭州建立中国农业科学院茶叶研究所，李联标是筹建人之一，从所址选择、土地征用、基本建设、人才培训、学科设置与课题确立等，无不亲自参与。建所初期，许多研究人员来自全国各地，科研业务不熟，他凭着多年从事试验研究的经验，组织讨论、座谈、报告会、参观交流等，想方设法提高试验研究水平。他要求科研人员既要着重研究当前生产中存在的重要技术问题、总结茶农技术经验，同时也要注意对基础理论的研究。当年同事都把他当作良师益友，乐于聆听教诲。1960—1966年，李联标先后为苏联、尼泊尔、喀麦隆、越南等国的留学生和进修生讲授茶树栽培学，并进行实习和辅导，许多人已成了他们国家茶叶生产或科研部门主管。晚年仍招收研究生，为培养高层次人才继续奉献。

二、茶树品种资源

"一粒种子可以改变世界"，茶树品种是茶叶生产最基本、最重要的农业生产资料之一，也是茶产业可持续发展的重要保障。中国作为茶树的原产地和最大的茶叶生产国，历来重视茶树品种的选育与应用，品种资源的丰富度和多样性也为世界之最。早在唐代陆羽《茶经》中就有"紫者上，绿者次；笋者上，芽者次；叶卷上，叶舒次"的描述，为开展茶树选种提供了依据。至清代，在福建一带出现了茶树压条和扦插技术，开展了无性繁殖茶树品种选育，相继育成了一批无性系茶树品种，如铁观音、水仙、黄棪、福鼎大白茶等。现代茶树育种工作则始于20世纪30年代，真正系统化的选种工作和育种的基础理论研究则在中华人民共和国成立之后才开始，但受当时人力、物力以及历史环境的影响，茶树遗传育种研究工作进展缓慢。在1978年的全国科学大会上，龙井43、福云6号、福云7号、福云10号等品种获得了科学大会奖，我国的茶树遗传育种工作迎来了春天，迈入新时代。

（一）我国茶树种质资源研究40年

茶树的起源中心在中国云南省，千百年来的引种活动，使得茶树的生长范围遍及四大洲的50多个国家及地区。由于茶树的异花授粉和人类的变异选择，使茶树种质资源具有非常丰富的遗传多样性。茶树种质资源是茶树品种改良的物质基础，是保障茶业安全的战略性资源。改革开放40年来，我国茶树种质资源研究取得了重要成就，为推动茶产业的发展作出了重要贡献。

1. 收集

我国茶区辽阔，生态条件多样，种质资源十分丰富。自20世纪80年代起，我国开始全面系统地考察和收集茶树种质资源，主要包括4次大规模茶树种质资源考察收集。1981—1984年，对云南省61个县/市进行考察，共收集410份资源；1985—1989年，分别在神农架及长江三峡地区的17个县/市和海南省的8个县考察，共收集到160份资源，其中神农架及三峡地区多为灌木型茶树，而海南地区多为小乔木大叶类；1991—1994年，对川、陕、黔、桂4个省区共63个县进行考察，收集400份资源；1996—1997年，因长江三峡大坝建设而对渝东南、黔东北共14个县进行抢救性考察，补充收集了80份资源。此外，对云南、福建、浙江、江西、安徽等主要产茶区持续开展茶树种质的收集。同时，通过国际合作的方式从韩国、日本、缅甸、越南等地引进部分国外种质资源。

2. 保存

茶树是一种多年生木本植物，现在主要采用建立资源圃和原生境保护两种方式来保存茶树种质资源。资源圃保存既能完整保存活体，便于鉴定评价，又可以集中管理、方便比较。1990年，在浙江和云南分别建立了"国家种质杭州茶树圃"和"国家种质勐海茶树分圃"，用于保存中小叶茶和大叶茶资源，是世界上保存茶树资源类型最多、遗传多样性水平最丰富的茶树种质资源平台。改革开放40年来，杭州茶树圃累计保存茶树种质资源2296份，包括山茶科山茶属茶组植物的5个种（厚轴茶、大厂茶、大理茶、秃房茶、茶）和2个变种（白毛茶、阿萨姆茶），还保存了24份山茶属近缘植物。勐海茶树分圃累计保存了1199份茶树资源，包括野生资源244份、栽培资源953份、过渡型资源2份，还保存了27份山茶属近缘植物和4份远缘植物。除国家级茶树种质资源圃外，我国还建有许多地方资源圃，主要位于福建、湖南、广西、贵州、广东、江西、重庆、江苏等省（自治区、直辖市）。

对于多年生的茶树来说，长期异地保存，表型会出现变异，遗传性也可能发生改变。对有些保守性强的茶树资源，异地就无法生存下来，所以必须进行原生境保护。近年来，茶树资源的原生境保护也逐渐受到了各级地方政府的关注和重视。2009年，福建省启动了地方品种资源保护项目，浙江省启动了西湖龙井茶群体种和鸠坑种茶树资源的原生境保护项目；2010年以来，云南澜沧拉祜族自治县、双江市、西双版纳傣族自治州、普洱拉祜族佤族布朗族傣族自治县等地先后出台了古茶树保护条例，对野生茶树进行原生境保护；2013年，农业部批准了广西元宝山野生茶种质原生境保护点建设项目；2017年，贵州省制定了《贵州省古茶树保护条例》。通过条例项目的实施能够有效地促进茶树种质资源的遗传多样性保护。

3. 分类、描述规范及编目

科学的分类、统一的描述规范和编目，是茶树种质资源深入挖掘和利用的基础，同时也是茶树种质资源科学管理和共享利用的前提。1958年，席勒（Sealy）将茶组分为茶 *C. sinensis*（L.）O. Kuntze［包括 *C. sinensis* var. *sinensis*、*C. sinensis* var. *assamica*（Masters）Kitamura 2个变种］、*C. irrawadiensis* Barua、*C. taliensis*（W. W. Smith）Melchior、*C. gracilipes* Merrillex Sealy 和 *C. pubicosta* Merrill。随着鉴定技术的快速发展，庄晚芳、张宏达、闵天禄和陈亮等先后提出了不同茶组植物分类系统。陈亮等（2004）既考虑茶树种间形态（主要是花器官）上的差异，又兼顾分类学和生物学种的特点，将茶组植物分为大厂茶 *C.*

tachangensis F. C. Zhang、厚轴茶*C. crassicolumna* Chang、大理茶*C. taliensis*（W. W. Smith）Melchior、秃房茶*C. gymnogyna* Chang和茶*C. sinensis*（L.）O. Kuntze 5个种，其中茶又包含阿萨姆茶*C. sinensis* var. *assamica*（Masters）Kitamura和白毛茶*C. sinensis*var. *pubilimba* Chang 2个变种。野生大茶树主要属于大厂茶、厚轴茶、大理茶和秃房茶；栽培型茶树主要属于阿萨姆茶、白毛茶等。

长期以来，茶树资源的鉴定评价缺乏统一的描述规范，不同单位采用的性状描述、鉴定技术方法和评价标准各异，使鉴定数据缺乏可比性，影响了国内资源数据信息的共享。从2005年开始，我国陆续制定了一系列茶树种质保存、鉴定和评价的描述术语规范和茶树重要性状的鉴定方法及评价指标，包括《茶树种质资源描述规范和数据标准》、NY/T 1312—2007《农作物种质资源鉴定技术规程　茶树》和NY/T 2031—2011《农作物优异种质资源评价规范　茶树》等。此外，农业部植物新品种保护办公室在2013年发布了《植物新品种特异性、一致性与稳定性测试指南茶树》，为茶树种质创新提供了知识产权保护。中国农业科学院茶叶研究所和云南省农业科学院茶叶研究所分别对国家种质杭州茶树圃和勐海茶树分圃中3000多份茶树资源，按照29个不同性状进行编目，建立超过10万数据值茶树种质资源数据库系统，为茶树种质资源共享利用提供坚实基础。

4. 遗传多样性

茶树一般自交不亲和，世代的异花授粉促使我国茶树资源具有丰富的遗传多样性。深入、彻底地了解我国茶树资源的变异程度和遗传多样性是开展茶树育种的基础。近年来，随着分子遗传学和分子生物学的快速发展，遗传多样性的检测方法也发生了巨大变化，从形态和生化成分水平逐渐发展到DNA分子水平。形态的变异是最容易观察的一种表型变异。通过对浙江、福建、安徽等14个主要产茶省区市共406份材料的5个叶片表型性状调查发现，西南地区和华南地区的茶树资源叶片表型变异相对更为丰富；通过资源类型比较发现选育品种的变异程度比野生资源和地方品种的要小，说明人为选择降低了资源的变异程度。通过对中国和日本的栽培茶树花的形态性状进行分析，发现茶树花性状品种间变异大，但品种内的变异相对稳定，中国的茶树多样性比日本更为丰富；又对茶树花的生化成分进行分析，发现茶多酚和水溶性糖的变异系数较大，而水浸出物和咖啡因含量的变异系数较小。采用高效液相色谱（HPLC）对403份代表性的茶树核心资源进行鉴定分析，发现广东、广西和云南等南部茶区春茶一芽二叶的儿茶素（C）含量和变异系数最高。

DNA分子标记是研究茶树遗传多样性和遗传演化的有效工具。利用23个SSR标记对来自中国和印度的392份资源进行鉴定，发现中国和印度的茶树种质资源都具有丰富的遗传多样性，而且中国的茶、阿萨姆茶和印度的阿萨姆茶都是独立驯化。对185份茶树资源进行SSR多态性分析，发现适制红茶的茶树资源遗传多样性明显高于乌龙茶；基于扩增片段长度多态性（AFLP）分子标记对云南5个地区（昆明、大理、丽江、腾冲和楚雄）共190份云南茶鉴定分析，发现地区内的茶树遗传多样性高于地区间的多样性，该区茶树具有丰富的遗传多样性。通过587份资源的分子标记鉴定，检测到野生资源内的遗传多样性和基因漂移都相对高于近期人工驯化的品种，表明人工选择驯化使得茶树资源的遗传多样性逐渐变窄；利用96对EST-SSR分子标记对来自中国14个茶区的450份资源进行研究，发现广西、云南和贵州茶树遗传多样性最高，随着远离源区域，茶树遗传多样性逐渐降低，根据这个规律可推测茶树的传播途径。

5. 核心种质的构建

目前国家种质茶树圃共保存了3000多份茶树资源，丰富的遗传多样性为茶树遗传改良提供了物质基础。但是，由于条件的限制，对所有材料进行鉴定评价具有一定难度，而核心种质的构建为解决上述问题提供了新的途径，用最小的数量最大程度地代表茶树遗传多样性。有学者提出茶树核心种质库构建的程序和设想，确定初级核心种质库构建的最佳取样策略，并构建了包含532份茶树资源的初级核心种质库。通过EST-SSR标记对其中414份资源进行鉴定筛选，获得360份资源作为我国茶树种质资源的核心种质库，评价结果显示其具有丰富的遗传多样性和较好的代表性。茶树核心种质库构建的完成有助于加快优异种质和基因的发掘与利用。

6. 优异茶树资源的鉴定筛选

优质茶树资源的发掘是资源研究的目的，是开展品种改良的基础，对茶产业的发展具有重要的意义。改革开放以来，我国科技工作者根据茶树的农艺性状和制茶品质筛选了一批优异茶树资源，并利用其开发名优茶。虞富莲等（1992）对来自14个省（自治区、直辖市）的200份材料，从农艺性状、加工品质、生化成分、细胞学、抗寒性、抗病虫性等方面进行了全面系统的鉴定评价，筛选出28份优异的茶树资源，可供生产利用。陈亮等（1999）、李素芳等（2001）分别利用RAPD和同工酶技术从DNA分子水平和蛋白质水平对其中5份优质资源进行遗传稳定性研究，证明了扦插繁殖的遗传稳定性。金基强等（2014）从国家种质杭州茶树圃选取403份具有代表性的核心种质，采用HPLC技术对儿茶素和嘌呤生物碱进行了鉴定评价，从中筛选出4份超常规儿茶素总量、3份高咖啡因、1份高苦茶碱和2份高可可碱资源。此外，别的学者还通过对茶树种质资源的生化成分鉴定评价，筛选一批品质优异茶树资源。

7. 茶树种质资源的创新利用

茶树种质创新的主要手段是人工杂交。利用福鼎大白茶和云南大叶种作为亲本杂交，创制了一批茶树种质，并从中选育出了许多品种，如迎霜、劲峰、福云6号、浙农12等。野生茶树资源和山茶属中的其他远缘植物具有一些优异性状（如抗病虫性、耐寒性等），利用远缘杂交的手段创制优异种质也取得了一定的进展。此外，中国农业科学院茶叶研究所利用$^{60}Co\gamma$射线和硫酸二乙酯（DES）化学诱变剂复合处理茶树，创制了65个优异的种质，其中培育出了早生性、品质和抗病性均超过龙井43的新品种中茶108。茶树特异资源既是遗传育种的重要基础材料，又是高附加值产品的重要材料来源，特异资源的挖掘与利用已成为促进产业发展的重要内容。

改革开放以来，我国很多茶树品种直接或间接来源于特异资源。例如1981年，发现一种新茶树资源"可可茶"，是一种不含咖啡因的茶树品种。此后，茶叶科技工作者在此基础上培育出可可茶1号、2号，其特征为不含咖啡因、富含可可碱、微量茶叶碱，其可可碱的含量远远高于传统茶树品种。1985年，云南茶科技人员发现一种紫芽茶资源"紫娟"，紫芽、紫叶、紫茎，茶汤水色亦为紫色，味浓回甘，具有一定保健功效，种植面积上万亩。浙江"黄金芽"于20世纪90年代在余姚发现，经过10多年的选育而成；中黄1号、中黄2号、中黄3号等黄叶品种也是在特异资源的基础上选育而成，为广大茶农带来了丰厚的经济效益。湖南"保靖黄金茶"是从当地群体资源中选育的一批特异新品种，现种植面积超过5000公顷。茶树特异种质资源的开发利用能加速茶树新品种的培育，满足人们对茶叶不断变化需求，并带来显著社会和经济效益。

8. 茶树种质资源未来展望

改革开放40年来，我国茶树种质资源研究取得了重要的成就。但是，随着社会环境的改变和种质资源整体研究水平的提高，我国茶树种质资源的研究工作也面临着巨大的挑战。首先，要加大资源的收集保护力度。我国有着丰富的茶树种质资源，需要加大茶树资源的收集力度。国家种质杭州茶树圃和国家种质勐海茶树分圃现在所收集保存的主要是国内的茶树种质资源，国外的资源数量较少，需要加强国际合作，收集引进国外的茶树种质资源。随着城镇化、现代化、工业化的推进，很多适宜茶树生长的环境被破坏，需要加大原生境的保护力度，力争做到从一般保护到依法保护、从单一方式保护到多种方式配套保护。其次，加强资源精细深入的鉴定评价。对茶树种质资源的表型和基因型进行精确的鉴定和评价，是创制优异种质、挖掘关键优异基因的基础。应用表型组学的技术，严格控制生长条件，大规模地精细鉴定茶树资源的表型。随着茶树基因组测序的完成，利用重测序、SNP芯片等技术，能够批量鉴定茶树资源的基因型，规模化发掘控制茶树品质、抗逆、养分高效利用、产量等性状的基因。加强茶树种质资源的基础研究、多样性研究，阐明野生种、地方品种和育成品种的演化关系，以及地方品种和骨干亲本形成的遗传基础。再次，要加快茶树特异资源的挖掘利用。针对人们对优质健康茶饮品的需求和绿色环保的提倡，加快挖掘品质表现优异、富含保健功能成分、养分高效利用的特异种质资源。基于优异的特异种质资源，创制具有市场价值的品种，加快特异种质资源的开发利用。另外，需要加快对特异资源的遗传机制解析，挖掘控制性状的关键基因及调控机制，并应用到育种过程中。最后，要完善茶树资源的共享平台与机制。通过科学的分类、统一的描述规范和编目，对茶树种质资源进行统一的数字化表达，建立种质资源的表型数据库。通过基因组学、转录组学和代谢组学的研究，规模化鉴定茶树种质资源的基因型、基因表达和代谢成分，建立茶树生物多组学数据库。通过互联网技术，创建共享平台，实现茶树种质资源相关的组学数据和表型数据共享，加快科研工作者对种质资源的利用效率。

（二）我国茶树遗传育种40年

1. 40年来我国茶树遗传育种取得的成绩

（1）茶树品种管理制度的沿革　我国于1981年成立了全国茶树良种审定委员会，1989年改为"全国农作物品种审定委员会茶树专业委员会"，承担制定茶树品种审定工作的规章制度和操作办法，指导新品种区域和生产试验；制定有关试验方法，对新品种的推广、繁育和种植提出建议；审定或评议茶树新品种等职能。一些茶叶主产省成立了相应的省级茶树新品种审定管理机构，负责本省的茶树新品种审（认）定工作。2000年新《中华人民共和国种子法》颁布实施后，茶树新品种不再列入强制审定范围，2003年成立了全国茶树品种鉴定委员会，在农业主管部门指导下组织全国性的茶树新品种区域试验和鉴定工作，有所不同的是由强制审定变为自愿鉴定。2015年《中华人民共和国种子法》第三次修订，茶树不再列入审定范围，而转为登记制度，2017年《非主要农作物品种登记指南》发布，茶树品种审定和鉴定制度退出历史舞台。随着对知识产权保护的重视，申请植物新品种权成为育成新品种的一种途径。我国于1999年正式加入国际植物新品种保护联盟，茶树被列入《中华人民共和国农业植物新品种保护名录（第七批）》。2013年，由我国制定的NY/T 2422—2013《植物新品种特异性、一致性和稳定性测试指南》国际标准，并颁布了农业行业标准，为茶树植物品种权的取得制定了技术规范。品种审（认、鉴）定和登记制度与植物品种权保护制度是两种不同的制度，前者是国家从保护生产者的角度，强制性管理措施；后者是对申请人知识产权即财产权的保护。

（2）育成了一大批品种　国家品种审（鉴）定机构成立后，共组织了10批全国性的茶树品种审（认、鉴）定工作和5轮全国性的区域试验，为我国茶树新品种选育工作和茶树良种推广作出了应有贡献。1985年和1987年，全国茶树良种审定委员会分两批分别对30个和22个品种进行了认定，包括17个有性系品种及全国种植面积较大的福鼎大白茶、福云6号、龙井43等品种；1994年、1998年和2002年，全国农作物品种审定委员会茶树专业委员会分别审定通过了共43个茶树品种。2004年、2006年、2010年、2011年和2014年，全国茶树品种鉴定委员会共鉴定通过了39个茶树新品种。在2016版《中华人民共和国种子法》出台前，我国育成国家级审（认、鉴）定茶树品种134个，其中无性系品种117个（表2–1）。另外，还有省级审（认、鉴）定品种200余个。根据农业农村部种植业司的统计数据，2017年底，我国无性系良种比例达到了60.94%，新品种推广取得很大成绩。截至2018年，40余个茶树新品种获得植物新品种权。

表2-1　通过审（认、鉴）定的国家级茶树品种名单

品种类型	品种名称
有性系品种（17个）	勐库大叶种、凤庆大叶种、勐海大叶种、乐昌白毛茶、海南大叶种、凤凰水仙、宁州种、黄山种、祁门种、鸠坑种、云台山种、湄潭苔茶、凌云白毫茶、紫阳种、早白尖、宜昌大叶种、宜兴种
无性系品种（117个）	福鼎大白茶、福鼎大毫茶、福安大白茶、梅占、政和大白茶、毛蟹、铁观音、黄棪、福建水仙、本山、大叶乌龙、大面白、上梅洲、黔湄419、黔湄502、福云6号、福云7号、福云10号、槠叶齐、龙井43、安徽1号、安徽3号、安徽7号、迎霜、翠峰、劲峰、碧云、浙农12、蜀永1号、英红1号、蜀永2号、宁州2号、云抗10号、云抗14号、菊花春、桂红3号、桂红4号、杨树林783、皖农95、锡茶5号、锡茶11号、寒绿、龙井长叶、浙农113、青峰、信阳10号、八仙茶、黔湄601、黔湄701、高芽齐、槠叶齐12号、白毫早、尖波黄13号、蜀永703、蜀永808、蜀永307、蜀永401、蜀永3号、蜀永906、鄂茶4号、凫早2号、岭头单丛、秀红、五岭红、云大淡绿、赣茶2号、黔湄809、舒茶早、皖农111、早白尖5号、南江2号、浙农21、鄂茶1号、中茶102、黄观音、悦茗香、茗科1号、黄奇、桂绿1号、名山白毫131、霞浦春波绿、春雨1号、春雨2号、茂绿、南江1号、石佛翠、皖茶91、尧山秀绿、桂香18号、玉绿、浙农139、浙农117、中茶108、中茶302、丹桂、春兰、瑞香、鄂茶5号、鸿雁9号、鸿雁12号、鸿雁7号、鸿雁1号、白毛2号、金牡丹、黄玫瑰、紫牡丹、特早213、中茶111、黔茶8号、安庆8902、巴渝特早、山坡绿、苏茶120、花秋1号、天府28号、湘妃翠、鸿雁13号

（3）育种目标适应茶产业发展的需求不断变化　为满足产业对品种的需求，我国的茶

树育种目标经历了"高产—早生优质—多抗—特异—多元"发展历程。20世纪90年代以前，育种目标以高产为主，且作为当时一种出口创汇主要农产品，红绿兼制型是当时主要育种目标之一。以1987年认定的22个国家级品种为例，适制绿茶的5个，适制红茶的4个，而红绿兼制型品种则有13个。随着经济水平的不断发展，茶树育种由高产向优质转变，名优茶的蓬勃发展，对早生优质品种的需求推动了茶树育种目标向早生、优质转变。此外，随着对农产品质量安全日益重视，以

（1）白叶1号　　　（2）中黄1号

图2-5　白叶1号和中黄1号茶树特色品种

及极端逆境天气的不断出现，选育抗逆性强的茶树品种成为新的育种目标。此外，随着"白叶1号"特异品种的发现和"安吉白茶"产业的兴起，"一个品种造就了一个产业"的例子推动了特异品种的异军突起，对促进茶产品结构的优化起到了重要作用。白叶1号［图2-5（1）］、黄金芽、中黄1号［图2-5（2）］、中黄2号、保靖黄金茶1号等特色品种相继育成并推广利用，成就了"安吉白茶""天台黄茶""缙云黄茶""广元黄茶""保靖黄金茶"等品牌和产品，并以较高的经济效益受到了产业欢迎，为茶产业供给侧结构性改革和打破茶产品同质化困境提供了新选择。随着茶产品市场不断分化和细化，消费者需求趋于多样化，满足特殊需求的品种，如低咖啡因、高表没食子儿茶素没食子酸酯（EGCG）等功能性成分及特殊香型品种相继出现，育种目标呈现多元化趋势。

（4）育种技术有新进展　40年来，茶树育种技术经历了从传统育种技术向现代育种技术的发展。传统育种技术主要包括系统选种和杂交育种，是茶树育种技术的主要形式，绝大多数茶树品种是用传统育种技术育成。现代育种技术是随着科学技术发展，将包括诱变（物理、化学、航天）和生物工程等技术手段运用到茶树育种，以提高育种效率和育种目标的精确性。多种诱变源如γ射线、激光、N^+离子注入、化学诱变等被用于茶树诱变育种，育成了一些新品种（系），如中茶108、皖农111、福丰、茶农1号等。2016年中国农业科学院茶叶研究所利用神舟十一号搭载的种子回收后成苗1棵，航天育种取得初步成果。随着现代分子生物学的快速发展，以分子标记辅助育种和基因工程育种为代表的现代生物技术育种技术在茶树育种上得以运用，构建了多个遗传连锁图谱，定位了一些与重要性状关系密切的数量性状位点（QTL位点），开发出一些功能性分子标记，为未来分子标记辅助育种技术在茶树上的实践奠定了基础。在基因工程育种方面，印度虽有转基因茶树报道，但国内外大都停留在技术体系的优化和摸索阶段。

茶树的童期长、早期难鉴定是茶树育种效率低重要原因。为了缩短育种年限、提高育种效率，研究人员开展了茶树育种早期鉴定技术研究。有学者建立了红茶、绿茶品质化学鉴定技术，预测结果与审评分数的相符度分别达到了85%（红茶）和80%（绿茶）；还有学者建立了应用叶绿素荧光参数Fv/Fm配合Logistic方程鉴定茶树抗寒性的方法等。但表型数据容易受到外界环境的影响，准确性比较低，而开发出与目标性状紧密连锁的稳定分子标记可作为茶树早期鉴定的一种强有力的工具；开发了1个可快速筛选出低咖啡因资源的功能标记和1个能鉴定和筛选高二羟基儿茶素茶树资源的功能标记等。

（5）茶树性状遗传机制和育种理论研究成果　研究表明，茶树的主要经济性状主要是数量性状，由微效多基因控制，获取了一些性状的遗传规律，如萌芽期是受微效多基因控制呈连续变异的数量性状，为超亲遗传；父本对F1的萌芽期影响大。茶树的一芽三叶重是一个遗传性较强的性状，遗传力达到0.70以上，并且芽叶重通过母性遗传的能力较强，而育芽力是一个遗传性中等的性状，遗传力在0.5左右。茸毛诸性状由微效多基因控制，遗传力较强，茸毛性状大多以母性遗传为主，而氨基酸总量、茶氨酸和谷氨酸含量接近中亲值并有一定的偏母本现象。茶树重要性状的分子遗传控制机制研究始于20世纪90年代，以茶树分子标记构建遗传连锁图谱和部分功能基因的克隆及表达分析为开端，茶树进入了分子遗传研究时代。经过近20年发展，构建了一些高密度的遗传图谱，部分性状被定位到连锁群上。这些成果为今后提高茶树育种目标的针对性提供了有力帮助；在功能基因的克隆及表达调控上，取得了长足的发展，特别是茶树全基因组测序的完成，为全面解析茶树目标性状的遗传机制提供了强大的支撑。

2. 茶树遗传育种面临的主要问题

40年来，我国茶树遗传育种工作虽然取得了较大成绩，对推动和支撑我国茶产业的持续发展和茶学科的进步起到了重要作用，但从整体上及与其他植物相同领域发展相比较看，茶树遗传育种研究主要面临以下三个方面问题。

（1）茶树主要性状遗传规律研究较薄弱　囿于茶树目标性状经典遗传规律研究的长周期性、难度较大和难以产出成果等原因，对茶树重要性状经典遗传规律研究的人力、物力投入相对较少，进入21世纪，难觅我国学者关于经典遗传规律研究报道。在分子遗传研究上，人力、物力投入较大，取得了一定进展，但距离实际应用仍有较大距离，很难指导育种实践。对茶树主要性状遗传规律研究薄弱，导致育种目标的精准性难保证，育种结果盲目性较大。

（2）育成品种多但突破性品种少　40年来，我国育成的茶树品种超过了300个，数量多、类型众。根据国家茶业技术体系统计数据，在实际生产上大面积推广品种不足20%，根本原因是大部分新育成品种仅在某些性状上有改良，但综合性状表现平平，难超越已大面积种植的品种，很难被生产接受。一些生产上急需的品种，如适合机采品种、抗病虫品种等又无法选育出来。

（3）传统育种技术仍是主要手段，低效率育种局面未改观　虽然一些新育种方法得以运用，但目前茶树育种手段还是以传统育种方法为主，现代生物技术育种离实际应用还有较长的路要走。由于对主要性状遗传规律认识不足，导致精准稳定的早期鉴定技术缺乏，是制约茶树育种效率提高的瓶颈。

3. 未来茶树遗传育种的方向

（1）加强茶树育种基础理论研究　茶树育种基础理论的研究严重滞后大宗农作物，控制品质、抗性、株型等重要农艺性状的遗传规律和相关基因调控机制仍未探明。育种基础理论缺失，造成茶树育种工作有很大的盲目性和随意性，无法实现目标性状的定向育种。增加了育种工作难度和工作量，无法推出突破性的品种。今后应突出茶树育种理论的创新重点，加大对茶树重要农艺性状遗传规律，特别是经典遗传规律研究和相关功能基因的研究投入，争取在较短的时间内，实现茶树育种理论的重大突破，明确主要性状的遗传规律和相关基因的调控机制，为实现茶树定向品种培育和分子育种奠定理论基础。

（2）加快前沿育种技术创新　在现代作物育种技术飞速发展的新时代，远缘杂交育种、分子辅助育种、转基因育种、定向诱变育种、航天育种等新育种手段已在其他作物上成功应用。茶树育种应借鉴其他作物的成功经验，增强全国茶树育种力量联合协作攻关，突破茶树育种新技术瓶颈，如茶树远缘杂交、基因编辑育种、定向诱变育种、杂交胚早期挽救、育种早期鉴定、单倍体育种、分子设计和辅助育种等技术上实现大突破，做好技术储备，占领世界茶树育种技术前沿阵地，为构筑我国茶树育种话语权提供有力技术支撑。

（3）精准锚定产业急需品种选育　在21世纪中叶到来前，以产业需求为导向，在茶树品种选育上重点关注四个方面：一是以满足供给侧结构性改革为重点的、多元化产品为目标的多类型茶树品种选育；二是以满足"机器换人"为目标的适合机采品种选育；三是以满足提高茶产品质量安全为目标的抗病虫、高肥效品种的选育；四是以满足应对频繁气候灾害的抗逆新品种选育。

三、创编《茶树栽培技术》

1979年，年近古稀的李联标先生依然主持农业部重点科研项目——茶树品种资源保存利用研究。他一直认为我国茶树品种的种质资源是世界基因库的一部分，应尽力保存，提供利用。在李先生指导下，中国农业科学院茶叶研究所和云南省农业科学院茶叶研究所于1981年共同组成茶树资源调查组，对我国茶属植物分布最集中的西双版纳傣族自治州等16个地区（州）60个县进行了普查，征集茶树资源材料410份，丰富了我国茶树种质资源宝库。项目获1987年农业部技术进步二等奖，受到国家科委、农牧渔业部关于"农作物品种资源征集工作成绩优异"的表彰。

（一）牵头组织编写第一部《茶树栽培技术》著作

李联标先生的茶学理论基础深厚，对茶叶科技有比较全面的了解，能掌握国内外茶树栽培和茶树选种发展动态，从而提出过不少带有方向性的研究课题，如《旧茶园改造技术研究》《茶树播种方式与密度试验》《茶树高产规律与技术指标的研究》《茶树品种资源的收集、保存与利用》等。20多年的实践证明，他提出的研究方向是正确的，既促进了全国茶叶产销的发展，又促进了茶叶科学研究逐步向纵深发展。根据茶叶生产发展的需要，1981年由他牵头编写了《茶树栽培技术》一书。他深知这是一部反映中国茶树栽培科学技术水平的论著，便独具匠心地起草了编写提纲，知人善任地组织全国科研、教学、生产等方面学者30余人共同完成并于1982年由中国农业出版社出版；该书深入浅出地介绍先进的实用技术，受到读者的欢迎。在此基础上，受农牧渔业部委托，1984年，以中国农业科学院茶叶研究所为组织单位，李联标组织创编了《中国茶树栽培学》，并于1986年由上海科学技术出版社出版。2015年由浙江大学茶学系骆耀平教授牵头主编的《茶树栽培学（第五版）》（图2-6），

图2-6 《茶树栽培学（第五版）》（中国农业出版社）

由中国农业出版社出版,皆是源于李联标创编的《茶树栽培技术》,目前仍然为全国高等学校茶学专业教材。

(二)改革开放40年中国茶树栽培

1. 40年来茶树栽培技术进步

改革开放以来,我国茶叶生产取得了持续增长,茶园面积和总产量均位列世界第一,虽然单位面积产量水平与其他国家相比仍有一定的差距,但也有了极大提高[图2-7(1)];2017年茶叶产量水平是1978年的4.3倍,增长幅度在几个主要产茶国中最高[图2-7(2)]。我国茶园生产能力的提高,除了采用新品种和植保技术外,还得益于茶树栽培技术的巨大进步,我国各时期茶树栽培技术的发展分别在1986年和2015年出版的《中国茶树栽培学》《茶树栽培学(第五版)》等著作中进行了全面总结。

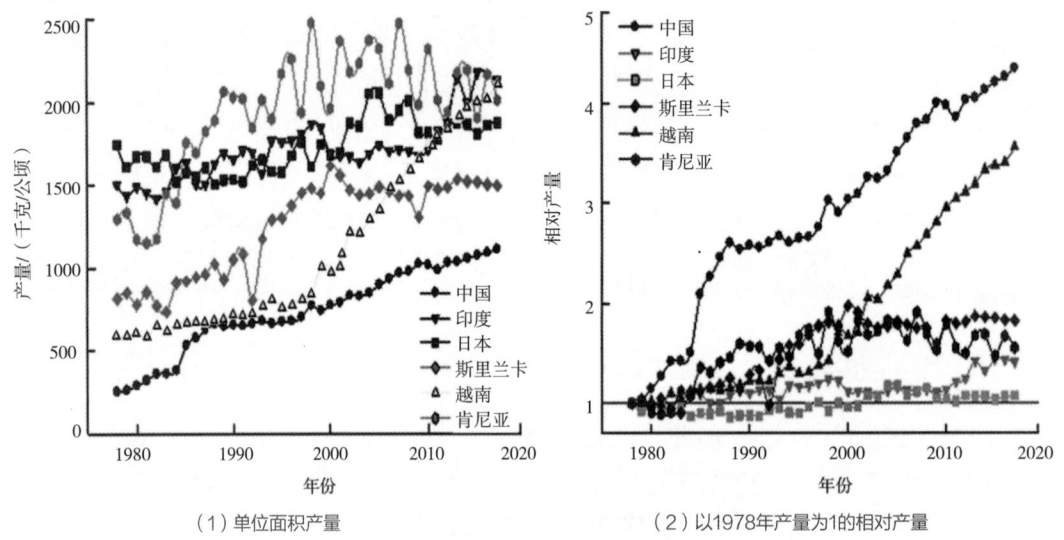

(1)单位面积产量　　　　　　　　　　(2)以1978年产量为1的相对产量

图2-7　1978—2017年主要茶叶生产国茶园生产能力的变化
[注:根据联合国粮食及农业组织(FAO)数据整理。]

(1)茶树丰产栽培和优质栽培技术　20世纪70—80年代,我国科技工作者对茶叶高产规律进行了系统的研究,在茶树光合作用特性、生态响应、碳同化物运输分配等基础理论方面的研究取得了重大进展,详细阐述了产量构成因素、群体结构和叶层特性等与产量形成的关系,加深了茶园群体结构构成、发展以及个体与群体关系的理论认识,明确了茶树新梢数量是构成茶叶产量的主导因子,总结提出了合理密植、培肥土壤、剪采养相互配合的丰产栽培技术,建立了高产茶园的栽培技术指标,即种植密度每公顷6万株左右,树冠覆盖度80%~90%,树高70~80厘米,土层厚度60厘米以上,土壤有机质含量1.5%以上,pH为4.0~5.5,质地为中壤土至重壤土,最适田间持水量为80%~90%等。采用丰产栽培技术茶园亩产可达154~331千克,而同期全国平均水平仅为每亩22.6千克,丰产技术使茶园亩产水平提高了6~13倍。

在此过程中，对"茶树矮化密植栽培技术"开展了深入研究和有益的学术争论。该技术首先由贵州省湄潭茶叶研究所、浙江农业大学等单位提出，将条栽茶树扩展到3~6条，茶丛均匀排列，显著增加种植密度，取得"早投产、早高产、早收益"的效果。但此类茶园也存在建园投入大、立地要求严格、茶树抗旱弱、茶园管理不便等问题，且密植茶园因个体竞争激烈而易早衰，造成鲜叶品质下降。一般认为此类茶园比单条或双条栽常规栽培茶园投产早，早期2~4年产量高，但到8年左右产量基本持平，此后常规茶园产量超过密植茶园。提出了品种落后、树势衰败、土壤肥力贫瘠是造成茶园低产低效的主要原因，提出更新换植优良无性系品种、修剪复壮树冠、增施肥料改土培肥等低产茶园改造技术，针对低丘红壤低产茶园提出了"一培、二改、三配套"的综合改造技术。

20世纪90年代以来，我国茶叶生产体系发生了重大变化，以名优绿茶为代表的茶叶生产快速发展，主要表现为采早、采嫩、采春茶等特色，栽培目标从过去单重"量"到"质、量"并重，出现了主产名优茶、"名优茶+大宗茶"等生产方式。在茶树养分积累与利用、春茶产量品质形成等栽培理论和技术方面取得了显著进展，提出了选用优良无性系品种、早采嫩采、将春茶前修剪调整至春茶后修剪、早施秋基肥与春追肥等技术。名优茶的生产发展，显著提升了茶叶生产的经济效益，同时满足了我国人民群众提高生活水平的需求，为我国茶园面积迅速扩张、茶叶产业的快速发展发挥了积极的推动作用。同时，可以使辅助名优茶生产的设施或覆盖栽培技术研究得到加强并陆续应用于生产。

（2）茶树营养、施肥和土壤管理技术　施肥是茶叶生产持续发展的物质基础，是增加茶叶产量和提高茶叶品质的一项重要技术。研究表明，1970—1992年间世界主要产茶国茶叶的年平均增产幅度为3.11%，其中来自肥料的贡献率达41%，超过土地贡献率（25%）、劳动力贡献率（8%）。由于缺乏茶园施肥数量的统计数据，仅以我国化肥总用量作为茶园施肥量的表征性参数，可以看出化肥用量与茶叶产量水平之间有着十分密切的关系（图2-8）。我国

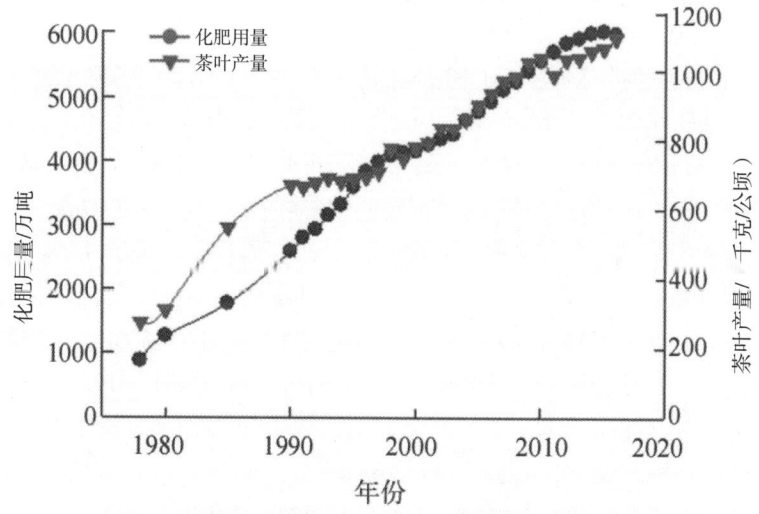

图2-8　近40年来我国茶叶产量水平与化肥总用量关联趋势图
（注：数据来源于《中国统计年鉴》。）

茶树营养和茶园施肥技术的系统研究始于20世纪50—60年代，至20世纪80—90年代，明确了氮、磷等大量元素和锌、钼等养分的吸收利用特性，茶树科学施肥技术体系开始建立。在茶园土壤特性和培育技术方面，利用茶园土壤普查和高低产茶园比较研究，阐明土层浅薄、土壤酸化、有机质含量低、养分供应能力差和元素比例不协调等主要障碍因子，研究提出了茶园养分和氟、铝等特征元素的循环转化特性、土壤肥力性质和长期植茶影响等，以及优质、高效、高产茶园土壤条件，为茶园土壤培育奠定了基础。茶园高产施肥和优质茶园土壤培育技术成为茶叶丰产技术的重要内容。

20世纪90年代至21世纪前10年，随着名优茶的发展，对茶叶品质施肥提出了新要求。茶树喜氨特性与生理机制、氮素营养形态和供应水平对茶树初级和次生代谢的调节作用和品质效应，揭示了钾、镁等营养元素在促进茶叶主要品质成分形成、累积等方面的作用，提出了茶树营养诊断和氮、磷、钾、镁平衡施肥技术，根据土壤特点研制茶树系列专用肥；同时，阐明了茶树对风险元素铝和氟、铅重金属的吸收特性及生理作用。在茶园土壤培育方面，研究长期植茶或不同土地利用方式的土壤效应、不同肥培措施土壤性质、微生物变化特性，揭示了茶园土壤性质变化规律，为茶园土壤生物肥力培育提供了重要理论基础。

2008年以来，利用分子、各种组学技术对主要营养元素氮、磷、钾等的营养功能及其在茶叶品质成分代谢中作用和茶树吸收特性开展了深入研究，并在茶树养分转运子基因克隆、氮营养分子生理机制、抗环境胁迫的分子基础等方面不断取得进展，茶树营养研究深入到分子水平。随着生态环境建设要求，施肥环境效应特别是温室气体排放影响成为研究热点，施肥技术的研究逐渐向提高茶叶品质、提高肥料利用效率、降低施肥环境负荷方向发展，养分综合管理和化肥减施增效技术成为新的研究重点，茶树专用肥料、功能性肥料如缓控释肥料、生物碳基复合肥料、生物有机无机肥料等新产品在茶园使用并普及。分子生物学技术也应用于茶园土壤微生物种群数量和演变的研究，并在茶园土壤质量评价、土壤酸化原因及应用生物质改良酸化茶园土壤等方面取得了很大进展。

（3）茶叶机械化生产技术　茶叶采摘是茶叶生产中消耗劳动力最多的作业项目，传统的人工采摘，人工消耗占整个茶叶生产的50%以上。1989年，农业部组织成立了全国协作组，对机械化采茶技术进行了深入系统地研究。通过研究筛选了部分适宜机械化采摘的品种，提出了对新茶园和改造茶园树冠实行"先平后弧""机采机剪"培育机采树冠的技术，建立了我国主要茶类标准新梢达60%~80%为机采适期指标，最佳机采批次为大叶种茶区6~7次/年，中小叶种地区4~6次/年；提出了机采茶园肥培管理技术，改进了机采鲜叶的加工工艺，总结出不同茶类初制的技术要点；制定了NY/T 225—1994《机械化采茶技术规程》，提出了适用于大宗茶类的机械化采茶的茶园条件、机械选配、栽培管理、树冠培养、茶叶采摘、机械保养等技术规范。与手采相比，机采提高工效10倍，降低成本40%以上。目前，我国出口绿茶采摘大部分应用机械采摘技术。据当时专家估计，2005年全国实行机械化采茶的茶园面积占总面积的10%~15%，而浙江省约占全省茶园面积的24%。

2005年开展优质茶机械化采摘技术攻关，在大宗茶机械化修剪及采摘基础上，优质茶生产茶园的机械化栽培管理方面也进行了较为系统的研究。优质绿茶机采技术研究提出了机采茶园的树冠培养模式、采摘适期指标、机械化采摘及分级处理技术，为实现名优茶的机采机制奠定了良好基础，研制出了新型便携式名优茶采摘机、鲜叶筛分机等关键设备，优质茶机采叶完整率可达70%左右，比传统采摘机械提高20%；采摘效率比手工采摘提高7倍，采摘成本下降80%。目前，相应机采技术大多仍停留在局部、小面积应用，工艺技术参数尚需进行放大型完善，关键设备有待完善并与传统设备有机衔接。通用采茶机方面研制了小型化便携式采茶机、大中型自走式或乘坐式采茶机，对智能采茶机器人也进行了初步尝试。在茶园耕作机械方面取得了较大进展，开发了具有多功能管理机、小型乘坐履带式茶园管理机和多功能微耕机，实现茶园机械化耕作和施肥。

2. 茶树栽培技术展望

（1）茶叶绿色生产技术发展　茶叶绿色生产是茶业发展的方向，生态茶园建设是推动茶叶绿色发展的重要内容。我国各地对生态茶园、低碳茶园建设与生产技术进行了诸多实践探索。随着人民生活水平的提高，美丽茶园、茶旅融合等的多功能效应日益扩大，需要加强生态茶园或美丽茶园建设的理论、技术、模式等方面的研究。我国生产茶园施肥中还存在过量施肥、茶树专用肥占比少、有机养分替代率较低和施用方法不当等现象，造成养分损失大、生产成本升高、环境风险增大等问题，在技术上表现为推荐施肥指标体系不够完善，不能适应当前生产需求，适宜茶园土壤条件、养分吸收特性的新型功能性肥料产品研制滞后，施肥机械缺乏，土壤培肥技术创新不足等。未来，应深入茶树养分高效吸收和利用的生理和分子机制、矿质营养对茶叶品质成分代谢调控作用的研究，加强土壤过程特别是养分在茶园土壤中的循环转化特点方面的研究，建立品质导向的养分供应施肥技术指标和营养诊断技术，研制新型高效生物和控释肥料等产品，加强高效施肥新技术研究，促进茶园水、肥、光等资源的高效利用。

（2）茶园机械化生产技术发展　提高茶园生产效率，减少对劳动力的依赖，减轻劳动强度是茶产业高效发展的内在需求。近年来，随着社会经济的发展，茶区劳动力大量向城镇第二产业、第三产业转移，茶园耕作施肥、采茶等田间作业环境差、劳动强度大，沿海发达省份和经济欠发达地区均出现茶园管理用工紧缺，造成茶园管理技术不能到位，茶叶无法及时采摘或弃采现象十分普遍。受制于茶园种植模式、名优鲜叶采摘标准要求，茶园机械种类少、动力不足、作业效果不够理想等问题依然存在，农机农艺配套技术研究滞后。未来，应加强名优茶机械采摘技术的研究，如选育、筛选适合名优茶机采的茶树品种，争取在提高新梢生长发育整齐度的树冠培养和肥培管理技术上取得突破，开发具有选择采摘功能的智能采茶机等。同时也需继续强化茶园作业机械的研制，重点解决茶园耕作、施肥、植保机械动力，提升与茶园条件的匹配度和作业效果。

（3）智慧茶园精准生产管理技术　精准农业生产进行定量决策、变量投入并定位精确实施的现代农业生产管理技术系统，体现了因地制宜、科学管理的思想理念，可以最大限度挖掘耕地生产潜力、实现农业生产要素高效利用，对于提高我国农业现代化水平、提升农业国际竞争力具有重大意义。目前精准生产或智慧茶园建设尚处于起步阶段，未来需要建立我国茶园土壤信息、茶树生长信息库，加强茶树生长诊断与动态调控技术、作物养分诊断与施肥调控模型、精准茶叶生产设计与管理决策模型技术、精准茶业技术集成平台研究与开发，提出适宜于不同品种类型、生态区域和生产系统的模型参数，实现由传统茶树栽培向信息化栽培的技术转变。

四、思政微课《李联标》

（一）我国从事茶中酶化学研究第一人

随着新文化运动的兴起，派遣留学生出国深造，从西方传入先进农业科技，中国的茶叶科技逐渐发展起来。20世纪30—40年代继续去西方国家学习的有安徽的王泽农、江苏的李联标（1945），浙江的张堂恒（1947）。他们分别从农化、生化、经济等领域积累经验，为深入开展研究奠定基础。李联标于1945年从湄潭实验茶场茶叶技术岗位上，以优异成绩考入美国纽约州康奈尔大学，后又在加利福尼亚州理工学院生物学部从事茶叶中酶性质的研究。通过两年努力，在1947年与勃纳博士联名在美国《生物化学》杂志上发表了题为《茶叶中多酚氧化酶的研究报告》。当时我国的茶叶科学研究刚刚起步，尤其是茶叶生物化学领域尚处于空白的状态，李先生的这篇论文在茶叶生化领域开创了历史的先河，是这一领域研究的先驱者，为我国茶叶中酶化学研究奠定了基础。

（二）茶树密植科学技术

茶树密植一直是学术讨论的热点，李联标在搜集研究国外主要产茶国种植密度和调查国内不同种植密度生产效应的基础上，于1963年亲自主持各种密植试验，探明了密植增产的科学规律，提出了株数、覆盖度、芽密度的种植密度概念及茶树丰产的动态概念。这对密植增产原理是一个重要的发展。实践证明，他的这些论点和技术措施基本上是正确的。对于20世纪70年代后期提出的"密植免耕"栽培法，他认为实际上是在条栽密植的基础上采用多条植的方式来增加茶园密度，与条栽密植比较，该法既能缩短投产年限，又能速成高产。但是，他在研究后认为，不同密度的茶园随着树龄的增长，高密度的产量变异呈渐近曲线变化，生育状况亦趋下降。他以实验资料为依据，实事求是，从不违心说话。这一富有成效的见解，对提高科学种茶水平起到了重要的指导作用。

（三）创办过多个茶叶科研单位

1939年，中央农业实验所筹建贵州湄潭实验茶场，由于李先生有在福建参加过筹建福安茶叶改良场的经历，因而被指派到贵州筹建湄潭实验茶场，任实验场技术室主任，主持全场茶叶科研，并亲自参与茶树选种和栽培研究工作。1958年，在我国农业科研事业蓬勃发展的浪潮中，农业部高瞻远瞩，决定在杭州建立中国农业科学院茶叶研究所，为茶叶产业的进步注入科研动力。李联标，这位在茶叶科研领域久负盛名且创办过多家茶叶科研单位的资深专家，当仁不让地成为筹建的关键人物。凭借丰富的创办经验，李联标在此次筹建中身先士卒。建所初期，人员来自全国各地，科研业务水平参差不齐。李联标深知人才培养的重要性，凭借过往创办科研单位积累的育才经验，他精心组织各类活动，有效提升了团队整体科研水平。李联标凭借深厚的专业素养与和蔼可亲的态度，赢得了同事们的敬重与信赖，大家都将他视为良师益友,对他的教诲与指导欣然接受,在他的引领下,共同为茶叶研究所的发展奠定坚实基础。

(四)培养人才与辅导留学生

李联标在湄潭实验茶场工作期间,正值日本侵略军侵华之际,半壁山河沦陷。他深知,为挽救国家的命运,必须提高人民的科学文化水平。因此,他决心为振兴中华培养人才,教育学生"应当立大志做大事,不要当大官,人生以服务为目的"。提倡机关学文化,倡导职业教育,他担任了湄潭职业学校第一期茶科班主任,深受学生敬爱,师生感情甚笃。后来,这些学生成了贵州茶叶事业的骨干力量。1960—1966年,李联标先后为苏联、尼泊尔、喀麦隆、越南等国的留学生和进修生讲授茶树栽培学,并进行实习和辅导。他们中的许多人已成了这些国家茶叶生产或科研部门的主管。晚年,他仍不辞劳苦招收研究生,为培养高层次人才继续奉献力量。

思政微课《李联标》

第三节 茶叶生化王泽农

> 王泽农是我国近现代著名的茶学教育家和农业科技专家,是中国茶学高等教育事业的创始人之一,参与创办了我国第一个高等学校茶叶专业,创设了早期茶学专业教育课程体系,后又在安徽农学院创办茶业系并长期在此执教,为我国培养了一大批优秀的茶学专业人才,极大地推动了我国茶学高等教育事业的发展;建立了我国茶叶生物化学学科与理论体系,完善茶学学科建设,为茶树生物学与资源利用国家重点实验室的创立奠定了坚实的理论基础,并为当前茶学领域的基础性前沿研究提供了重要的理论支撑和途径方法。

一、走近王泽农

王泽农(1907—1999),出生于安徽省婺源县(今属江西省上饶市),与"当代茶圣"吴觉农先生立志为振兴中国农业(茶业)改名"觉农"一样改名"泽农",是我国著名的茶学教育家和农业科技专家、中国茶学界公推的"20世纪十大茶学家"之一。王泽农于1931年获国立上海劳动大学农学学士学位,1937年获比利时颖布露国家农学院农业化学系硕士研究生学位并获得比利时国家农业化学工程师称号;1938—1952年,先后担任复旦大学教授兼农业化学系主任,并参与创办了中国历史上第一个高等院校茶叶专业——复旦大学茶叶专修科和茶叶组,在我国第一家国家级茶叶研究所——崇安茶叶研究所担任研究员兼化验组组长。此外,还在多所院校的农业化学系任兼职教授。1954年起长期执教于安徽农学院(1995年更名为安徽农业大学），创办茶业系并担任茶业系教授、茶业科科长，主讲农业化学、茶叶化学、土壤化学、植物生物化学和茶叶生物化学等课程，指导研究生和青年教师开展学术研究；曾兼任中国茶叶学会理事长、中国农学会常务理事、中国农业科学院学术委员、中华茶人联谊会和中国国际茶文化研究会顾问等，其简历和传记被《中国茶叶大辞典》《中国农业百科全书》《中华当代文化名人大辞典》《中国科学技术专家传略》《20世纪中华人物名字号辞典》等收录。王泽农教授九十华诞，中国科学院院士吴阶平先生题词："发展茶叶生物化学为独立的系统学科，当代茶圣之名天下闻。"

（一）参创我国近现代高等茶学教育体系

建立茶学高等教育学科，构建中国茶学高等教育体系，培养高层次茶业专业人才是振兴祖国茶事业的根本方策，也是吴觉农茶学思想的一大核心要旨。1938年，复旦大学因抗战而西迁重庆北碚夏坝并建校复课开展战时教育。刚从比利时回国不久在云南省建设厅任技正的王泽农受复旦大学李亮恭先生邀请担任垦殖专修科教授，除任教外还担任农场农产品制造部主任。1939年，为适应战时茶叶生产、运销和国内外贸易的需要，中国茶叶公司与复旦大学商议合作创办茶叶专业系科，经商议协定，于1940年春季成立两年制的茶叶专修科，而四年制本科层次的茶叶系经教育部核定称为茶叶组，于1940年秋季开始招生，由中国茶叶公司总技师、协理吴觉农担任茶叶专修科和茶叶组主任；王泽农协助吴觉农开展整个茶叶专业系科的教学安排、课程体系设置、人才培养等各方面的筹建工作，并担任茶叶系科教授和研究人员，主讲土壤化学、生化分析检验、茶叶化学、农业化学等课程。担任四年制本科茶叶组产制方向和茶叶研究室主要负责人。

1940年，王泽农受命协助李亮恭在先后创立的垦殖专修科、园艺学系、茶叶专业科组的基础上成立了复旦大学农学院。1946—1949年期间，王泽农担任茶叶专修科主任，主教茶叶化学和农产品加工等课程。1949年上海解放后，王泽农根据国际农业发展规律和趋势，认识到农业对国民经济建设的重要性，以培养高级专业人才和发展我国农化事业的使命感，在农学院成立了农业化学系并担任系主任。王泽农认为农业化学要为农业生产服务，为解决种植业中的土壤肥料问题、养殖业中的营养问题和农产品加工方面的问题，在农业化学系设立了农产品加工、土壤、营养三个专业组，为中华人民共和国成立后的农业生产发展，尤其是农产品加工业发展培养了大批高级专业人才，体现了王泽农的科学预见性和高瞻远瞩的教育观。

复旦大学在我国高等院校中最早创建茶叶专业，在中国乃至世界第一个创建茶学系，代表了中华人民共和国成立以前茶学教育的最高水平，开启了现代意义上茶学高等教育学科建设的新篇章。从1940—1954年，茶叶专业组、科共培养毕业生近200人，为国家经济建设和中华人民共和国茶业事业的恢复与发展作出了重要贡献，同时也为中华人民共和国成立后10余所高等院校茶学专业的创建输送了大批优秀师资人才。1952年，中央人民政府在全国开展高等学校院系调整，考虑到东北地区缺少农业院校，决定将复旦大学农学院迁往沈阳，成立沈阳农学院。但鉴于东北气候寒冷，不适应茶树生长，不便开展茶叶教学试验、科研和实习实践工作，于是决定将茶叶专修科迁至安徽大学农学院。于是，王泽农随之迁至安徽大学农学院，担任茶叶专修科教授。1954年，安徽大学农学院迁至合肥并独立建院为安徽农学院，茶叶专修科也随迁至合肥，王泽农开始在安徽农学院长期执教，从事茶学教育和茶业科研工作。1956年，茶叶专修科改为茶业系并升为本科层次办学，发展至今已成为培养茶学所涉及的农、工、商贸、科研等多领域和覆盖茶学本科、硕士、博士、博士后等多层次人才的综合性茶学教育高等学校。正如王泽农教授的学生、安徽省科技厅原厅长宛晓春教授所说："是王泽农和陈椽二位先生亲自创办了安徽农业大学茶业系。"安徽农学院茶业系的创办填补了安徽茶学高等教育的空白，为安徽省乃至全国茶产业和茶学教育与科研事业的发展作出了卓越贡献。

1997年，教育部在《普通高等农科、林科本科专业目录（征求意见稿）》中拟撤销茶学专业，将其一分为二并入"食品科学"和"园艺学"。考虑到中国茶产业发展的现实状况与未来以及茶学专业保留的必要性和重要性，王泽农教授联合其他茶学高等院校以书面形式向教育部申请保留茶学专业，最终使得具有中国特色的茶学专业得以保留下来。王泽农等老一辈茶学教育家"力保茶学安危"，大力推动我国茶学高等教育事业发展，在我国茶学学科教育发展史上写下了浓墨重彩的一笔，功绩值得铭记与永载茶学高等教育发展史册。

王泽农从事茶学教育与茶叶科研工作60余年，笔耕不辍。据笔者统计，他先后编撰学术专著7部（含合编、合著），编写多门课程教材和大纲讲义25种，发表论文50多篇，翻译外文文献23篇，未公开和未正式发表的论文、评议、论证报告等20多篇。这些论著涉及土壤学、茶叶化学、茶文化、茶产业、茶叶技术研究、茶叶健康、茶叶生物化学等方面，为我国茶学教育、茶学理论和学科的发展奠定了理论基础。此外，他还担任《英汉茶业词典》的审校专家和中法两国合作编纂的《汉法英农业大词典》茶叶部分的主编，以及"中国古今茶业科学技术知识之大成"巨著《中国农业百科全书·茶业卷》的编委会主任和总论主编。《中国农业百科全书·茶业卷》几乎涵盖茶业所有领域，是一部层次分明、科学严谨、全面系统的茶业巨著，是我国现代最早的一部大型茶业工具书，为我国茶学教育、茶叶生产发展和茶叶科学技术的普及作出了重要贡献，荣获第五届全国优秀科技图书二等奖，是当时9种获奖图书之一。

（二）探索茶科技、茶产业及茶文化协同发展

茶学专业具有较强的理论性、实践性和应用性特征。因此，茶学教育要以茶学前沿理论和茶产业发展的大趋势为先导，并结合当前阶段茶叶生产的实际，为茶产业发展服务。茶叶科学研究与科技成果转化是推动茶学理论完善、发展并将其转化为现实生产力的最直接而有效的途径。为解决茶产业发展中遇到的实际问题，推动茶业经济快速发展，王泽农积极开展茶叶科技发明，在茶叶机械研发、茶叶加工技术、茶叶深加工产品开发等方面取得了诸多可喜的成果，为茶业机械化、现代化发展和茶资源的综合利用贡献了力量。20世纪80年代初，为了解决红茶和绿茶加工中的拣梗问题，他先后主持研制了HCDJ-6型红茶光电拣梗机和LCDJ-20型绿茶光电拣梗机，这两项成果分别获得了1981年安徽省科技进步奖三等奖和1984年商业部重大成果三等奖。

20世纪90年代，已近90岁高龄的王泽农对茶叶科研的热情依然不减，不遗余力地为茶叶科技事业的发展攻坚克难、发挥余热。他主持了安徽省"八五"攻关项目《中低档茶深加工技术

研究》并通过省级鉴定，该项目涉及茶叶有效成分的提取和应用、茶叶资源的综合利用、茶叶健康等方面的研究。其中，对纯天然罐装祁红茶水做了研制开发，并对罐装祁红茶水货架寿命做了预测，为祁红的综合利用与罐装茶水研制及产业化开发奠定了理论基础。同时，为发挥茶的养生保健功能、拓展茶的饮用途径，王泽农还以祁门红茶为主料，研制了以防治心血管疾病为主攻目标的"祁红·新绿"保健茶系列产品。经中西医临床应用表明，该产品对防治动脉硬化、防止心脑血管疾病、降低胆固醇和血黏度、提神益智、乌发养颜等均有不同程度的作用。此外，该项目研发的"美康寿"系列茶产品还获得了联合国发明创造之星奖。

晚年的王泽农把目光转移到了茶文化理论研究上，撰写了一系列颇具理论价值和学术水准的高质量论文。例如《茶文化源流初探》《中华茶文化——先秦儒学思想的渊源》《新世纪的茶德》《陆游的桑苎家风》《茶品与品茶》等论文均是茶文化研究的力作，推动了茶文化理论和学科建设，促进了茶文化的传播与弘扬。王泽农先生不仅是一位德高望重的学者，也是著名的爱国民主人士，还是一位热心于公益事业的社会活动家。他先后多次担任九三学社安徽省主委、安徽省政协副主席、全国人大代表等职务，为推动地方经济社会发展无私奉献，尤其是为振兴和发展安徽省茶产业积极建言，为推动徽茶产业和茶文化的传播作出了重要贡献。此外，王泽农还是安徽农业大学"大别山道路"的早期开拓者和"大别山道路精神"的践行者。20世纪80年代初，为响应国家科技扶贫的号召，走大别山科技扶贫道路，安徽农业大学与金寨县联合创办"金寨大专班"，首开为贫困地区"量身培养人才"之路。王泽农先生多次深入大别山区调研茶产业发展情况，开展茶叶科技扶贫，为"金寨大专班"茶叶专业学生讲授茶叶技术知识和产业发展政策，帮助开发山区特色茶资源，为开拓大别山茶叶科技扶贫道路奠定了坚实的基础，同时也用行动践行了"万众一心、开拓创新、与时俱进、艰苦奋斗、牺牲奉献、永跟党走"的"大别山道路精神"。王泽农在教学方法、治学态度、个人修养、科研精神等方面也是值得学习和借鉴的。在教书育人方面，他循循善诱，讲究启发式教学，引导、鼓励学生开展自主研究性学习；在科学研究方面，他严谨治学，注重学术研究的理论性与应用性、讲究理论与实践相结合，善于变通，敢于挑战学术权威，具有前瞻思维，紧跟学术前沿。此外，他博学多闻，精通多国语言，眼界开阔，具有科学素养和人文精神的双重修养。

二、茶叶深加工科技

茶叶生物化学主要涵盖鲜叶次生代谢产物的生物合成及茶叶加工过程中化学成分在酶、微生物、温度等条件下的结构转化两方面的内容。茶叶生物化学的研究与茶叶的品质密切相关，如茶叶汤色、滋味、香气等关键品质因素都取决于茶叶的内在化学成分。茶叶生物化学的研究是茶叶学科的基础，主要内容包括咖啡因、茶氨酸和儿茶素的生物合成及其调控，以及茶叶加工过程中品质成分变化规律的机制。茶叶生物化学的研究可以为茶叶基础研究、种植生产、产品开发等提供坚实的理论基础。

（一）改革开放40年中国茶叶生物化学研究

茶叶生物化学是以茶叶（茶树）为研究对象，通过现代生物化学、分子生物学、有机化学等技术手段发现、认识并掌握茶叶中特有次生代谢产物合成、降解、代谢基本原理的一门科学。茶叶生物化学研究范畴涵盖了茶叶生物体内的化学成分特点、变化规律及机制等一系列内容。茶树属于山茶科山茶属植物，含有特殊的次生代谢产物，如咖啡因、茶氨酸和儿茶素等。这类物质对于茶叶品质形成至关重要，而且也是茶树生物化学研究的主要对象。

1980年，重新组织出版了《茶叶生物化学》一书，作为高等学校茶学相关专业的教材使用。改革开放促使现代生物化学研究水平的发展，茶叶香气的研究在气相色谱等仪器发展的基础上得到快速进步。20世纪80年代，我国开始对不同茶类的香气物质进行了分析研究，并且组织各种规模的学术研讨会，有力地推动了茶叶生物化学的交流和发展。同时，商业部开始组织专家制定茶叶的标准，规范了茶叶的生产和品质控制。

20世纪80—90年代，国内涌现出一批研究茶叶特征成分生物合成和转化机制的学者，其研究的范围涵盖了茶树的栽培育种、制茶过程中特征成分的结构转化和机制等各个方面。这些研究逐步形成了茶学研究的主流方向，如茶树生理学、茶叶加工化学、茶叶成分的生物合成等。另外，随着分析化学技术手段的进步，大量新型的分析方法应用于茶叶品质成分的研究，气相色谱、液相色谱、红外光谱、紫外-可见光光谱等技术极大地丰富了茶叶生物化学研究手段，提高了茶叶生化的研究水平。20世纪90年代至21世纪初，茶叶生物化学的发展又进入了一个新阶段。在这个阶段，除了国内学者团体的不断发展壮大，一些国外研究学者也开始茶叶生物化学的研究。随着我国科研投入的增加，国内形成了一批专门的茶叶研究机构，如中国农业科学院茶叶研究所、安徽农业大学茶树生物学与资源利用国家重点实验室等。随着茶树基因组的破解，以及现代生化研究方法和技术手段的发展，近年来茶叶生物化学的研究日新月异，大量高水平的研究成果不断涌现。迄今，$Camellia\ sinensis$（小叶种）和$Camellia\ assamica$（大叶种）茶树的基因组都已经绘制完成，某些标志性次生代谢产物的代谢通路关键基因也逐步清晰。

1. 茶树主要成分的次生代谢

（1）咖啡因的生物合成　咖啡因是一类嘌呤类生物碱，也是茶叶中非常重要的一个次生代谢产物，咖啡因含量占干重的2.50%~4.50%。除了咖啡因外，茶叶中还含有一定量的可可碱，以及极其微量的茶碱。茶树体内除种子外，其他部位均含有咖啡因。其中，叶中含量较高，茎梗次之，花、果最少。咖啡因呈苦味，且有较强的兴奋性，一般认为它在茶树体内扮演生物防御的作用，能够保护幼嫩组织免受害虫的伤害。在茶树叶片生长过程中，咖啡因在幼嫩叶片中含量最高，随叶片老化其含量逐渐降低。咖啡因含量也受季节影响，夏茶中咖啡因含量常比春茶和秋茶高。茶树（$Camellia\ sinensis$）的咖啡因含量高于可可碱，但是可可茶（$Camellia\ ptilophylla$）中则几乎不含有咖啡因，却含有非常丰富的可可碱，含量达到6.5%左右。这些嘌呤类生物碱在山茶科的植物分布中存在着比较显著的种属差异性。我国的低咖啡因茶树资源非常丰富，如大坝大树茶（0.07%）、金厂大树茶（0.06%）、盐津牛寨茶（<1.0%）和厚轴茶（<1.0%）等。

目前，咖啡因的生物合成途径比较清晰，其中关键的酶也都已经基本解析，但是仍有一些合成通路的酶尚不明确。咖啡因（1,3,7-三甲基黄嘌呤）的生物合成是以黄嘌呤核苷（XR）为底物，通过三步甲基化、一步脱核苷酸化的核心途径来实现。茶树中咖啡因的生物合成途径主要是多个N-甲基转移酶参与甲基化而将黄嘌呤核苷转化为咖啡因的过程，具体转化过程：黄嘌呤核苷→7-甲基黄嘌呤核苷→7-甲基黄嘌呤→3,7-二甲基黄嘌呤（可可碱）→1,3,7-三甲基黄嘌呤（咖啡因），该途径也是其他含咖啡因植物中咖啡因的主要生物合成途径。咖啡因的合成还有一条次要途径，通过7-甲基黄嘌呤→1,7-二甲基黄嘌呤（茶碱）→1,3,7-三甲基黄嘌呤（咖啡因）。咖啡因生物合成主要途径见（图2-9）。

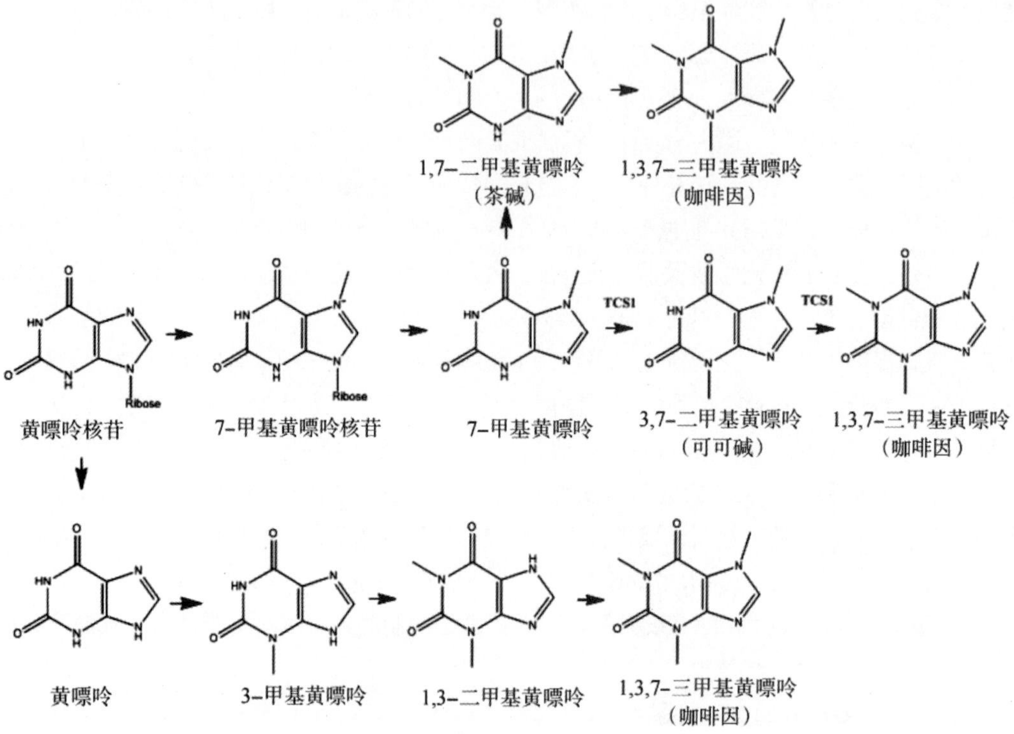

图2-9 咖啡因生物合成主要途径

咖啡因合成过程中的甲基供体是S-腺苷-甲硫氨酸（S-adenosylmethionine synthetase，SAM），通过N-甲基转移酶类（NMTs）催化黄嘌呤三步甲基化，最终生物合成咖啡因。这3种甲基化转移酶分别是黄嘌呤核苷N-甲基转移酶（7-NMT）、7-甲基黄嘌呤N-甲基转移酶（3-NMT）和3,7-甲基黄嘌呤转移酶（1-NMT），其中3-NMT的活性最高，是7-NMT及1-NMT活性总和的10倍以上。由于3-NMT和1-NMT具有几乎相同的性质，人们把这两种酶看作为同一种酶，也就是目前已经解析的TCS。

TCS基因（CsCS1，GenBank：AB031280）在茶树中被克隆之后，研究发现其合成酶基因存在突变。以可可茶为例，其咖啡因合成酶（CpCS）由于个别氨基酸的突变失去了常规茶咖啡因合成酶（TCS1）的正常功能，使可可碱（3,7-二甲基黄嘌呤）不能催化成为咖啡因，从而导致可可碱的含量较高。茶树甲基转移酶的独立和快速的进化机制导致TCS1具有丰富的等位变异。目前，已经从茶树中发现了6种TCS1的等位基因，其中TCS1a是主要基因，其他基因存在于一些野生种茶树里，如不含咖啡因的红芽茶。正是由于TCS1序列变异多样，使得TCS1酶活性多样，从而形成了我国茶树资源中嘌呤生物碱具有不同的分布模式。利用山茶属植物咖啡因含量不同的特点，选择了 *Camellia crassicolumna* 等低咖啡因植物作为对照，通过转录组学等手段发现了咖啡因降解为可可碱的途径。

肌苷酸是腺嘌呤核苷酸、鸟嘌呤核苷酸及咖啡因合成的前体物质，茶树中咖啡因的合成可以分为核心途径和供体途径，其中合成黄嘌呤核苷有4种途径，黄嘌呤核苷酸可以继续合成咖啡因，肌苷酸脱氢酶参与了其中3种供体途径。肌苷酸脱氢酶（IMPDH）和S-腺苷甲硫氨酸合成酶也是咖啡因合成过程中两个关键酶，$IMPDH$基因在叶内表达量高于根和茎。茶树肌苷酸脱氢酶催化肌苷酸合成黄嘌呤核苷酸，其cDNA全长序列被克隆，命名为TIDH，对其在不同组织器官中的表达也有初步研究。研究发现，可以通过抑制肌苷酸脱氢酶活性增加肌苷酸的量来培育低咖啡因茶树。

茶树新梢嫩叶中TCS表达量较高，与咖啡因含量变化一致，同时检测到较强的一甲基转移酶活性，表明嫩叶中咖啡因生物合成主要受到基因水平上的调控和底物水平控制。茶树咖啡因分解代谢途径通常是通过7-N-脱甲基酶介导脱去7位甲基而成为茶碱，茶碱再脱甲基成3-甲基黄嘌呤和黄嘌呤，最后经嘌呤代谢途径分解成CO_2、NH_3和尿素。目前，咖啡因在茶树中的末段的生物合成途径基本清晰，但是前端的某些关键酶的基因还不能确定。7-甲基黄嘌呤核苷合成酶是催化黄嘌呤核苷成为7-甲基黄嘌呤的关键酶，但是目前这个关键酶还未被确证，其基因也不明确。

（2）茶氨酸的生物合成　茶氨酸（theanine）是茶叶中特有的一类非蛋白质氨基酸，化学名为5-N-乙基-γ-谷氨酰胺或γ-谷氨酰-L-乙胺。迄今为止，已经在很多山茶科植物中检出了茶氨酸，不过它在 *Camellia sinensis* 和 *Camellia assamica* 中含量较高。目前，一般认为茶树体内乙胺和谷氨酸在茶氨酸合成酶作用下生成茶氨酸。茶氨酸是茶树主体氨基酸，其存在于除果实以外的茶树各个器官，嫩叶中含量最高，其次分别是根皮、吸收根、老叶和茎等。在茶树新梢萌发前，供给茶树的氨态氮主要以茶氨酸、谷氨酰胺和精氨酸为主，这些氮源主要贮藏在根部和叶部；随着茶树的萌发，这些化合物转移到新梢，尤以茶氨酸浓度最高。

茶氨酸合成代谢途径基因包括直接参与合成的茶氨酸合成酶基因和茶氨酸水解酶基因，以及控制主要前体物乙胺来源的丙氨酸脱羧酶基因等。茶氨酸合成酶（TS）即L-谷氨酸-乙胺连接酶，是茶氨酸合成的关键酶，催化谷氨酸和乙胺合成茶氨酸。研究表明，茶叶中的茶氨酸合成酶和谷氨酰胺合成酶（GS）具有高度的基因同源性，$TS1$基因与$GS3$基因有99%相同，而$TS2$基因与$GS1$基因有97%相同，因此推测两个基因可能源于谷氨酰胺合成酶家族，因为氨基酸突变导致酶学功能产生差异，使得茶氨酸合成酶具有催化谷氨酸转乙胺基合成茶氨酸的功能，而普通植物中的谷氨酰胺合成酶只有催化谷氨酸转氨基合成谷氨酰胺的能力。茶氨酸合成酶在腺苷三磷酸（ATP）存在的条件下，能以L-谷氨酸和乙胺为底物催化合成茶氨酸，而作为茶氨酸组成部分的乙胺，则是茶树新梢儿茶素间苯三酚的直接前体，茶氨酸代谢通路的水解产物乙胺还参与了儿茶素的生物合成。

茶氨酸合成酶是茶氨酸合成代谢的关键酶，在腺苷三磷酸、Mg^{2+}、K^+存在的条件下，茶籽苗匀浆能够催化谷氨酸和乙胺合成茶氨酸。目前，宛晓春课题组从茶树基因组中找到了5条GS基因序列，分别命名为$CsTS\,I$、$CsGS\,II$-$1a$、$CsGS\,II$-$1b$、$CsGS\,II$-$1c$和$CsGS\,II$-$2a$。

其中CsTSⅠ具备体外合成茶氨酸的能力，与较为古老的藻类、细菌中的Ⅰ型GS同源性较高，因此分类为CsTSⅠ。CsGSⅡ-1a、CsGSⅡ-1b、CsGSⅡ-1c和CSGSⅡ-2a均为Ⅱ型GS。转基因植物研究表明，CsTSⅠ具有双功能酶特性，既可催化谷氨酸合成谷氨酰胺，又可合成茶氨酸，而其酶学特性切换主要受底物乙胺的调控。

TS1基因在茶树芽头和根部表达几乎相当，但是TS2在茶树芽头的表达要高于根部。研究表明TS1在新梢中表达量高于其他部位，根部相对较低；发现咖啡因只在叶片和茎部合成，而茶氨酸在根部合成；乙胺是茶氨酸生物合成过程中的关键前体，因为茶氨酸合成所需要的谷氨酸在很多植物中都存在，但是乙胺主要存在于山茶科的植物中，尤其是在Camellia sinensis中。乙胺作为茶氨酸的合成前体物质，在茶树根部由丙氨酸脱羧酶将丙氨酸脱去羧基生成。从茶树中克隆了1条新的丝氨酸脱羧酶（SDC）的基因，该基因具有很强的催化丙氨酸脱羧的作用，它在茶树根部的表达高于叶片，该基因被命名为丙氨酸脱羧酶（AlaDC）。谷氨酰胺-α-酮戊二酸氨基转移酶（GOGAT，又称谷氨酸合酶），能将GS催化生成的谷氨酰胺催化生成谷氨酸。此外，谷氨酸脱氢酶（GDH）催化α-酮戊二酸发生还原氨基化反应，生成谷氨酸。茶氨酸转运至叶部后在茶氨酸水解酶作用下降解为谷氨酸和乙胺。

茶氨酸合成酶需要K^+和磷酸盐维持它的活性。在茶叶采摘后的前10小时，此水解酶活力增加，随后逐渐下降，而谷氨酰胺酶活力不断下降，采摘48小时后几乎失去活性。秋冬增施含氮基肥、采前遮阳、控制日采摘时间、喷施含茶氨酸前体叶面肥等措施可以提高鲜叶氨基酸（茶氨酸）含量。Liu等（2017）关注了茶叶采摘之后在不同温度和光照条件下（遮阳）茶氨酸含量变化以及相关基因的表达差异。高温条件下，茶氨酸的含量显著降低，通过关联分析发现GOGATs在处理过程中变化较大，但是茶氨酸合成酶相关表达变化不大，加热条件下烟酰胺腺嘌呤二核苷酸（还原态）依赖型谷氨酸合酶（CsNADH-GOGAT）表达下调，且茶氨酸含量降低。铁氧还原蛋白-谷氨酰胺谷氨酸合成酶（CsFd-GOGAT）表达水平与茶氨酸含量呈现负相关。尽管以上两个酶基因不是茶氨酸合成的关键基因，但是也属于其前体物质谷氨酸的关键合成基因，因此也可以通过谷氨酸的合成来调控茶氨酸的含量。一些研究还发现，气候（如气温等）因素也会影响茶氨酸的生物合成。高温条件下，尤其是夏秋茶中茶氨酸的含量显著低于春茶，其主要原因可能是高温导致GOGAT等茶氨酸合成酶的活性增加，降低了茶氨酸前体的合成，从而降低茶氨酸含量。随着茶叶中茶氨酸合成途径及相关基因研究的深入，已经有一些基因工程和发酵工程技术应用于茶氨酸的生物发酵。通过构建具有茶氨酸合成能力的基因工程菌来发酵生产茶氨酸是其体外生物合成的一条有效途径。

（3）儿茶素的生物合成　儿茶素类化合物（catechins）是2-苯基苯并吡喃的衍生物，属于类黄酮化合物（flavonoids）中的黄烷-3-醇类（flavan-3-ols）。类黄酮分子中的A环是由3个乙酸分子头尾相接而成的，而B环与C环上的碳原子则来自由莽草酸途径合成的苯丙氨酸。苯丙氨酸经过苯丙酸盐途径形成查尔酮后，再进入各种不同的类黄酮合成途径，形成不同的黄酮类物质。这些黄酮类物质的生物合成途径具有部分的同源性。茶树中主要多酚类物质——儿茶素类合成是一个复杂的网络途径，涉及莽草酸途径、苯丙烷类代谢途径和类黄酮合成途径，并形成多种产物（图2-10）。叶片中的儿茶素类化合物特别是酯型儿茶素含量远远高于根中，但后者的原花青素（聚合的儿茶素）含量是叶片的数倍，说明叶中的儿茶素类

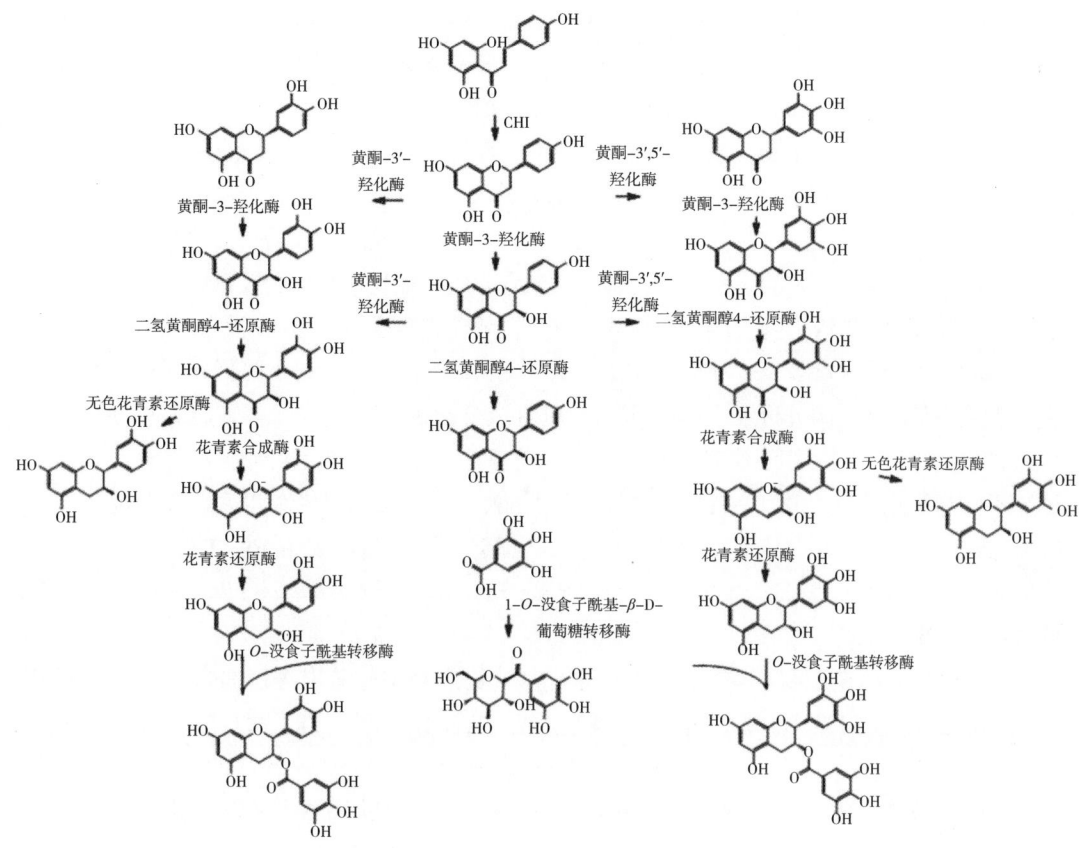

图2-10 儿茶素生物合成途径

化合物后期的合成是以没食子酰基化反应为主,而根中是以原花青素聚合反应为主。

植物体中类黄酮化合物的B环羟基数目受黄酮-3′-羟化酶(F3′H)和黄酮-3′,5′-羟化酶(F3′5′H)基因的调控,顺式和反式儿茶素含量受花青素还原酶(ANR)和无色花青素还原酶(LAR)基因的控制,但是酯型儿茶素的没食子酰基化机制尚不完全清楚。研究推测1-O-没食子酰-β-葡萄糖(βG)是单宁合成有效的酰基供体和受体。利用体外酶学手段,揭示了反式儿茶素和没食子儿茶素(GC)的合成模式,发现在二氢黄酮醇4-还原酶(DFR)和无色花青素还原酶(LAR)催化下,二氢黄酮醇形成无色花青素即花白素,然后形成反式儿茶素和没食子儿茶素。儿茶素的合成过程中,花青素合成酶(CsANS)是一个重要的关键酶。前期研究发现光照是$CsANS$基因编码的一个重要调节因素。

研究发现1-O-没食子酰基-β-D-葡萄糖转移酶(UGGT)和O-没食子酰基转移酶(ECGT)是酯型儿茶素合成过程两个关键酶。这两个酶分别以尿苷二磷酸葡萄糖和1-O-没食子酰基-β-D-葡萄糖为底物。没食子酰基化过程与水解单宁合成途径具有相似性,即βG是它们合成的酰基供体。茶树中的黄酮醇类物质占干重的3%~4%,多以糖苷形式存在,在茶提取液的纸层析谱上就能鉴别出20多种,大部分是上述3种基本黄酮醇的各种糖苷。黄酮与黄酮醇的差别只是少1个3-羟基取代,在植物中它大多以黄酮糖苷的形式存在。利用分析化学和转录组学的手段研究春季和秋季茶树儿茶素生物合成的差异。秋茶中总儿茶素的含量显著高于春茶，其中以表没食子儿茶素（EGC）最为突出。苯丙氨酸解氨酶（PAL）、黄酮-3-羟化酶、黄酮-3′,5′-羟化酶、二氢黄酮醇4-还原酶和花青素合成酶（ANS）的基因表达与儿茶素的含量密切相关。Zhang等（2016）也研究了黄酮代谢通路中相关基因表达与儿茶素含量的关系，结果发现查尔酮合酶1、查尔酮合酶3、花青素还原酶1、花青素还原酶2和无色花青素还原酶的表达与儿茶素含量呈正相关，其中花青素还原酶和无色花青素还原酶的表达与酯型儿茶素（表没食子儿茶素没食子酸酯、表儿茶素没食子酸酯）含量呈正相关。

研究报道，茶树叶片的不同位置会影响其光合作用和呼吸。叶片的成熟过程中，呼吸速率以及总氮含量会持续下降，但是淀粉的含量却会随着成熟度的增加而增加。成熟叶片中叶绿素a和叶绿素b的含量都显著增加，另外，氨基酸和茶多酚的含量显著降低。还有一些学者通过基因共表达网络的分析来探讨茶树3种特征性成分的相互调节关系，通过研究发现3类次生代谢产物的相关基因相互影响，相关性分析发现黄酮-3′,5′-羟化酶、黄酮醇合酶（FLS）和βG不仅与表没食子儿茶素没食子酸酯的代谢相关，还与咖啡因代谢相关。从贵州野生茶树中发现了*F3′5′H*突变等位基因，其丢失了14个碱基对，导致F3′5′HmRNA表达水平很低，使野生茶树中三羟基儿茶素含量较低。还比较了茶树和油茶（*Camellia oleifera*）在转录组水平的差异。

研究发现，施铵态氮（NH_4^+）对于茶树次生代谢产物差异基因表达的影响大于施硝态氮（NO_3^-）或者同时施NH_4^+和NO_3^-。长时间给予NO_3^-会减少黄酮类的生物合成，但是会增强咖啡因和茶氨酸的生物合成。比较了NH_4^+和NO_3^-两种氮肥对茶树次生代谢的影响，发现*Cs-miR156*是调节儿茶素次生代谢途径中关键基因的一个调节基因。NO_3^-会增加芽头中儿茶素的含量，并且*PAL*、*CHS*、*CHI*和*DFR*的相关基因也呈现出高表达，*Cs-miR156*的高表达则受到NH_4^+的影响。通过生物信息学的手段挖掘与儿茶素合成基因相关的*miRNAs*，研究发现*miR529d*和*miR156g-3p*分别是*CHI*和*F3H*两种基因表达的负调控因子。

特殊茶树品种Y510含有较高含量的没食子儿茶素没食子酸酯（GCG）和儿茶素，但是其表没食子儿茶素和表儿茶素（EC）含量却很低。RNA序列分析发现两个影响儿茶素异构化的关键基因，花青素还原酶基因（*CsANR1*、*CsANR2*）和花青素合成酶基因。CsANS在拟南芥突变体tds4-2的过表达会导致表儿茶素含量显著增加。通过比较*Camellia ptilophylla*和*Camellia sinensis*儿茶素合成相关基因转录水平的差异，发现*Camellia ptilophyllaa*的*CpANS2*与*Camellia sinensis*相似度仅有80%左右，推测其可能失去了合成cis-儿茶素的能力，从而导致白毛茶中表型儿茶素含量较低。甲基化儿茶素是另一类具有显著生理活性的儿茶素衍生物。一般认为，甲基化儿茶素也是通过黄酮类途径合成，咖啡酰基-CoA-3-*O*-甲基转移酶是与甲基化儿茶素生物合成的关键酶。

2. 加工工序对茶叶品质的影响

（1）萎凋工序的影响　研究白茶萎凋过程中茶多酚和儿茶素组分含量的变化及这些变化与其合成途径中关键酶基因表达的变化情况。结果发现萎凋32小时后，非酯型儿茶素表儿茶素、没食子儿茶素、表没食子儿茶素和酯型儿茶素表儿茶素没食子酸酯和表没食子儿茶素没食子酸酯的含量达到最高值，且这种含量变化与儿茶素合成途径中关键酶PAL、C4H、F3H、F3′H、DFR、LAR、ANR基因的表达基本一致。因此提出在白茶萎凋中，适当缩短萎凋时间,可以提高白茶品质。利用通径分析,研究了萎凋槽和萎凋室中不同萎凋程度对红茶化学成分与感官品质之间的关系。在以空调和除湿机控温控湿的萎凋室中,萎凋至水分含量为58%~60%时,红茶品质最好。茶多酚、游离氨基酸、茶黄素双没食子酸酯(TFDG)、表儿茶素、表没食子儿茶素没食子酸酯和表儿茶素没食子酸酯与感官品质呈负相关,而茶黄素(TF)、茶黄素-3-单没食子酸酯(TF-3-G)和茶黄素-3′-单没食子酸酯(TF-3′-G)与感官品质呈正相关,且TF-3′-G是影响红茶品质的最主要成分。研究萎凋程度对红条茶品质的影响,设置了56.00%~59.99%、60.00%~63.99%和64.00%~68.00%3个萎凋程度处理,发现凌云白毫茶红条茶萎凋时间为17小时,萎凋叶含水量至60.00%~63.99%时,成品茶香气浓郁、汤色红亮、滋味浓厚、叶底红亮,茶黄素和茶红素含量均较高。

(2)杀青工序的影响 以镇江金山翠芽茶鲜叶为原料,以蒸汽杀青为对照,研究了红外杀青对茶叶品质和理化成分的影响,确立了最优的杀青干燥工艺条件:红外辐照距离20厘米杀青150秒,经揉捻做形后,热风干燥温度70℃、干燥40分钟,制成品中维生素C和茶多酚保留量较高,外形色泽紧实翠绿,茶香明显。同时,建立了红外杀青过程中多酚氧化酶(PPO)钝化动力学模型和干燥过程中水分干燥动力学模型,可为杀青干燥过程预测提供理论参考。研究杀青技术对改善夏秋茶品质表明,蒸汽杀青有利于茶多酚物质和蛋白质的水解,氨基酸含量增加,有利于减少夏秋茶品质的苦涩味。

(3)发酵工序的影响 发酵是红茶加工中的关键过程,也是形成红茶特有品质的关键工序。对工夫红茶发酵过程中(0~14小时,2小时时间隔取样)的非挥发性成分进行代谢组分分析表明,儿茶素、儿茶素二聚体、黄酮醇糖苷、氨基酸、酚酸、生物碱和核苷酸等成分发生了显著变化;随着发酵时间的延长,儿茶素类、香豆素、原花青素B1和原花青素B2显著下降,咖啡因较稳定,茶氨酸略降,而茶氨酸葡萄糖苷、杨梅素C糖苷、腺苷酸、香豆酰奎宁酸显著上升。

(4)干燥工序的影响 以低档信阳毛尖毛茶为原料,研究不同烘焙温度和时间对品质的影响发现,烘焙能够去除茶叶粗老气和青草气,有利于提高茶叶香气,降低茶汤苦涩味,在100℃下烘焙15分钟或30分钟信阳毛尖茶的品质最优,茶叶中的氨基酸、咖啡因等物质含量较高。以不同嫩度的信阳夏茶红茶为原料,研究了50℃的炭火温度下,不同烘焙时间对茶叶感官品质的影响。研究发现炭火低温长焙能够改变信阳夏茶红茶的感官品质,提高茶叶香气,且水浸出物、茶多酚和咖啡因含量均有不同程度的降低,从而降低了茶叶的涩味。其中一芽一叶和一芽二叶原料茶分别慢焙10.5小时,品质最佳;而一芽二三叶原料茶叶则慢焙14小时品质最佳。以水仙、肉桂2个品种的武夷岩茶毛茶为原料,经不同程度(130~150℃,2~4小时)焙火处理研究表明,随着焙火程度增加,醇类含量呈降低趋势,酯类和酮类含量呈增加趋势,其中具花果香的脱氢芳樟醇、已酸叶醇酯、已酸已酯等主要香气物质含量先增后减,具烘烤香或焦糖香的香气物质(如1-乙基-1H-吡咯)呈增加趋势,苯乙腈、2,5-二甲基吡嗪、2-乙基-5-甲基吡嗪和2-乙酰基呋喃等整体呈先增后减的变化趋势。

3. 茶叶生物化学未来展望

茶叶生物化学的研究是茶产业的基础,它将传统农业领域的茶产业提升到了涵盖第一产业、第二产业和第三产业的现代化产业。茶叶生物化学的基础研究为茶叶的品种选育、加工提升以及精深产品延伸提供了坚实的理论依据。然而，尽管近年来茶学研究的最新科技进展不断涌现，但是也存在一些研究内容雷同、研究方式类似的问题，尤其是近年来茶叶生物化学研究过程中积累的大量研究数据缺乏有效的沟通与共享。以茶叶加工化学的研究为例，加工过程中茶叶中主要物质的变化规律受到许多因素的影响，如基础材料（鲜叶）的成分差异，成分之间的相互作用，加工条件和参数等因素的影响，这类加工化学的研究往往都具有一定的个体性，而难以代表不同茶类，甚至同类茶叶的规律。因此，以茶叶主要内含物质为基础，建立标准化的组合化学物，并以其为基础模拟茶叶加工过程中热度、湿度、pH、酶促反应、单一/组合微生物发酵等条件，探究茶叶成分的变化规律，相互作用特点，建立可重复、可参考的茶叶化学转化模式，从而揭示茶叶加工过程中的生化变化特点。此外，国内多个科研院所分别建立了茶叶相关数据，涵盖了茶叶研究的各个方面，存在着一定的重复建设和资源浪费。因此，我们也亟待建立区域间协作，甚至是国际范围内的茶叶生物（基因）库和化学数据库，供全球茶叶研究者和公众使用。

（二）改革开放40年中国茶叶深加工

茶叶深加工主要是指以茶叶生产过程中的茶鲜叶、修剪叶、茶叶、茶籽，以及由其加工而来的半成品、成品或副产品为原料，通过集成应用生物化学工程、分离纯化工程、食品工程、制剂工程等领域的先进技术及加工工艺，实现茶叶有效成分或功能组分的分离制备，并将其应用到人类健康、动物保健、植物保护、日用化工等领域的过程。茶叶深加工是有效解决中低档茶和夏秋茶出路、提升茶叶附加值、跨界拓展茶的应用领域、延伸茶叶产业链的重要途径。

1. 茶叶深加工40年研究简况

我国茶叶深加工起步于20世纪60年代初，以福州商检局成功试制冷冻干燥型速溶茶为标志。进入70年代，上海工业微生物研究所、湖南农学院、中国农业科学院茶叶研究所、湖南长沙茶厂先后成功研制各种速溶茶。1976年，中国农业科学院茶叶研究所立项开发利用茶叶籽油，启动了茶皂素提制技术研究。1978年改革开放以来，中国农业科学院茶叶研究所、湖南农业大学、浙江大学、安徽农业大学、中华全国供销合作总社杭州茶叶研究院、南京农业大学、江南大学、浙江工商大学、华南农业大学、西南大学、华中农业大学、云南农业大学、中国海洋大学、浙江农林大学、上海师范大学、上海交通大学等高校和科研院所的一大批专家学者先后开展茶叶深加工理论与技术研究。尤其是20世纪80年代中后期，随着国际上茶与健康研究热的兴起，深加工快速成为我国茶叶科学研究的重要分支和热点领域，茶叶科技工作者先后聚焦研究速溶茶系列产品提制技术，茶皂素、茶多酚、儿茶素、咖啡因、茶氨酸、茶黄素、茶多糖、花色苷、γ-氨基丁酸等功能成分的提取分离纯化技术，以及以茶叶提取物为原料的深加工终端产品开发，旨在实现茶叶、茶叶籽、茶树花等茶树资源的深度开发与高值化利用。

我国茶叶深加工研究经过近40年的发展，技术体系与产品体系基本成熟。按照技术需求可分为有效组分与功能成分分离纯化技术、功能成分结构修饰与改性技术、活性成分的功能与安全性评价、深加工终端产品研发、功能成分分析检测等研究方向。按照产品类别可分为有效组分、有效成分、终端产品。有效组分主要包括速溶茶、茶浓缩汁、茶籽油、茶树花提取物等；有效成分主要包括茶多酚、儿茶素、茶氨酸、茶黄素、茶多糖、茶皂素、咖啡因、花色苷、γ-氨基丁酸等功能成分的标准化提取物；深加工终端产品包括以茶叶功能成分、速溶茶、茶浓缩汁、茶籽油、茶树花提取物为原料开发的天然药物、保健食品、茶食品、食品添加剂、个人护理品、动物健康产品、植物保护剂、建材添加剂等功能性终端产品。目前，我国茶叶深加工领域利用20多万吨的茶叶原料（约占我国茶叶总产量的7.7%），创造了1500多亿元的产业规模，取得了显著的经济效益和社会效益，且存在巨大的拓展空间。

2. 茶叶深加工技术现状

（1）速溶茶与浓缩茶汁提制技术　速溶茶和浓缩茶汁的提制工艺主要由提取、过滤、浓缩、干燥等工序组成，此外，还包括水处理、茶原料拼配、转溶、香气回收利用等工序。过去40年间，我国速溶茶/浓缩茶汁提制技术创新取得了全面的突破与跨越。提取工艺技术与装备是决定速溶茶得率和品质的重要工序。研究人员先后就影响提取效果的主要因素（如浸提溶剂、茶叶破碎度、浸提温度、浸提时间、料液比等）进行了系统的研究与优化，构建了以纯水为溶剂的绿色高效提取技术参数。在提取装备方面，从起步阶段的单罐提取向多罐连续提取、连续逆流槽式提取发展，连续逆流槽式提取成为目前最适用于规模化工业生产的提取方式，可有效确保提取效率和品质。为了提高速溶茶的提取收率、效率、品质，降低提取成本，酶解提取、微波提取、超声波提取、超临界CO_2提取等新技术得到了不断的研究与应用。酶解提取法虽可提高茶叶中有效物质的溶出率，但其成本较昂贵，在大生产应用中受到一定限制。微波辅助提取法和超声波辅助提取法与传统提取方法比较，能提高有效成分的溶出速度，缩短提取时间、节省消耗、提高提取率。因此，微波或超声波辅助提取已经得到广泛应用。超临界CO_2提取法可以高保真地提取茶叶中的香气物质并有效脱除部分咖啡因，获得香味品质优异的低咖啡因速溶茶，但设备相对昂贵，提取效率偏低，产业领域中应用比例不高。

过滤是获得高透明度浓缩茶汁和速溶茶的关键环节，也直接影响产品的色泽和风味。我国速溶茶过滤技术经历了从板框过滤、管式离心分离、碟式离心到膜过滤的发展过程。现在，超滤膜、纳滤膜、无机陶瓷膜等先进膜过滤技术已经全面应用于大生产的茶提取液过滤中。浓缩是速溶茶和浓缩茶汁加工中影响品质和效率的核心工序。浓缩技术从常规真空浓缩、冷冻浓缩向膜浓缩发展。膜浓缩（包括反渗透浓缩、超滤浓缩和纳滤浓缩）与真空蒸发浓缩相比，具有浓缩温度低，能有效保护热敏性物质，可提高产品的冷溶性，有效保留茶叶香气物质，降低重金属、农残、小分子有机酸、无机盐等富集效应，现已成为茶叶深加工中应用最广泛的先进浓缩技术。由于低能耗的机械式蒸汽再压缩技术（mechanical vapor recompression，MVR）应用于真空浓缩设备中，其真空浓缩与膜浓缩结合是速溶茶规模化生产中较理想的浓缩技术组合。速溶茶工业化生产中采用的干燥方法主要有喷雾干燥和真空冷冻干燥两种。此外，还有真空低温连续干燥技术、微波真空干燥技术、高压电场干燥技术等，但产业化中应用不多。近年来，连续真空冷冻干燥方法和低温喷雾干燥等新技术为速溶茶风味品质提升奠定了更好的技术基础。利用茶浓缩汁的起泡性，通过特殊的均质雾化，一次性无添加剂的喷雾形成了流动性好、溶解性好、抗潮性好的中空颗粒型速溶茶。速溶茶提制中农药残留去除技术、降氟技术、重金属（砷、铅）去除技术均取得了一系列突破。

（2）茶叶功能成分提制技术

①茶多酚/儿茶素的提制技术：自20世纪80年代开始，茶多酚与儿茶素的提取分离技术一直是茶叶深加工的研究重点和热点。90年代初期，第一代茶多酚提制技术基本成熟并从实验室走向大生产。当时主要有以下两种工艺技术路线。第一种工艺路线是以纯水提取，氯仿或二氯甲烷脱除咖啡因，乙酸乙酯萃取分离茶多酚。该工艺的问题是采用了有害溶剂氯仿或二氯甲烷，同时，产品中高浓度的乙酸乙酯残留，使产品存在安全隐患。第二种工艺路线是采用石灰水中的Ca^{2+}沉淀茶多酚，再经乙酸乙酯萃取分离纯化茶多酚。该工艺的问题是茶多酚在碱性条件下容易氧化红变，同时产品中会有高含量的Ca^{2+}残留。90年代中后期，基于上述两种工艺的安全性与品质问题，研究构建了只采用纯水和酒精为提取与分离溶剂，膜分离与大孔树脂分离纯化相结合的茶多酚/儿茶素绿色高效提取分离纯化技术体系，满足了国际市场对茶叶提取物质量安全的日益严苛要求。超临界CO_2和亚临界提取技术、反渗透膜浓缩和低负压蒸发技术减少了浓缩过程中茶多酚的氧化与儿茶素的热异构化；木质纤维树脂、壳聚糖树脂、竹叶纤维等新型分离介质成功应用于柱层析分离。吸附树脂分离、膜分离技术与酶工程组合，构建了绿色高效的儿茶素分离纯化技术体系，并研发出脱咖啡因高纯儿茶素、高酯化儿茶素、低苦涩味儿茶素等新产品。采用凝胶色谱、中低压制备色谱和高速逆流色谱技术分离制备儿茶素单体时分离产能过低，模拟移动床色谱、大容量三柱串联型高速逆流色谱仪（由多根色谱柱或类似色谱柱的固定床层串联）的应用，实现了混合物的连续进样和分离，制备效率显著提高。表没食子儿茶素没食子酸酯、表没食子儿茶素、表儿茶素没食子酸酯和表儿茶素等儿茶素单体的制备技术由千克级向吨级的工业化规模跨越。

②茶氨酸提制技术：从儿茶素提制过程的水洗脱液或低浓度酒精洗脱液中，采用离子沉淀法、离子交换吸附法与膜分离法组合分离天然L-茶氨酸的技术日趋成熟，为高茶氨酸茶树资源的高值化利用及茶叶功能成分组合高效提制提供了技术支撑；利用茶叶、枯草芽孢杆菌与硝基还原假单胞菌等不同微生物或混合微生物释放的酶类进行茶氨酸的生物合成，取得了新的进展；以L-焦谷氨酸与无水乙胺为原料，采用含有二丁基羟基甲苯（BHT）与维生素C的复合氧化剂为助剂实现了在较温和的条件下化学合成L-茶氨酸。采用化学法先制备中间产物再进行生物酶拆分，获得化学合成L-茶氨酸，解决了化学合成品DL-消旋体问题。

③茶黄素的酶促氧化制备与分离纯化技术：由于红茶中茶黄素含量不高（0.5%~2.0%），加之国内红茶消费热的兴起，导致以红茶为原料提取分离纯化茶黄素的成本缺乏市场竞争力和产业化的可操作性。因此，以儿茶素为原料通过酶促氧化制备茶黄素是一条经济、高效、可行的新技术途径。采用茶鲜叶、梨和茄子多酚氧化酶、Denilite IIS真菌漆酶催化合成茶黄素，牛蒡根多酚氧化酶氧化EGCG3′Me合成甲基化茶黄素（TF3MeG3′G），均取得了具有可实施产业化应用的技术突破。该项突破使得茶黄素成为继儿茶素和茶氨酸之后最具应用潜力的茶叶功能成分，并在国际健康食品领域全面应用。采用半制备高效液相色谱或中压制备液相色谱技术已较大规模分离纯化出4种茶黄素单体TF、TF-3-G、TF-3′-G、TFDG。

④茶皂素提制技术：茶皂素是一类齐墩果酸型五环三萜类糖苷化合物，分子质量较大、极性强、易溶于水、起泡性强，是一种性能优良的非离子型天然表面活性剂。中国农业科学

院茶叶研究所夏春华和朱全芬研究员自20世纪70年代率先开展茶皂素的提取分离纯化技术与应用研究,并于1984年获国家技术发明奖三等奖,成为改革开放以后我国茶叶科学领域第一个获国家技术发明奖的项目。由于皂苷溶于水及多种有机溶剂,传统的茶皂素提取法有水提法和有机溶剂提取法。近年来,超声波和微波辅助提取技术和混合溶剂提取技术的应用,使得茶皂素的提取收率大大增加。大孔吸附树脂分离、膜分离技术、萃取技术的应用,有效提高了茶皂素的分离纯度、分离效率和产品安全性。

⑤茶多糖提制技术:茶多糖是茶叶中重要的活性成分之一,其研究始于20世纪80年代,当时由于茶多糖的分离手段不完善,茶多糖中存在大量的脂类,故被称作脂多糖。90年代末,Wang等(2001)采用现代分析技术研究发现,茶多糖是一类含有蛋白质的酸性多糖复合物(tea polysaccharide),其主要功能有降血糖、血脂、抗氧化、抗辐射和提高免疫等作用。粗老茶中茶多糖含量较高,故多用该类茶叶提取茶多糖。茶多糖最常见的制备方法是水提醇沉法,以及一些辅助提取方法,如微波、超声波、酶辅助浸提等;常见的纯化技术有先用Sevag法除蛋白、过氧化氢脱色法、透析法除盐等,然后用柱层析法、超滤法、季铵盐沉淀法等提纯。目前,企业规模生产主要使用水提醇沉法制备茶多糖粗品,再进一步分离纯化及开发利用。由于茶多糖组成复杂的特点,原来以葡萄糖为标准测定茶多糖含量的分析结果多有偏差,Wang等研发了以纯品茶多糖取代葡萄糖为标准的茶多糖含量检测专用技术,使检测结果更趋真实可靠。

(3)茶饮料加工技术 茶饮料是指以茶叶的萃取液、浓缩液、速溶茶粉为主要原料加工而成的饮料,具有茶叶的独特风味,含有天然茶多酚、咖啡因等茶叶有效成分,是清凉解渴的多功能饮料。茶饮料种类繁多,主要分为纯茶饮料(茶汤饮料)、果汁果味茶饮料、奶味茶饮料、复合茶饮料等。纯茶饮料注重茶的原汁原味,代表着茶饮料的加工技术水平。目前,市场上红茶、绿茶、茉莉花茶、乌龙茶、黑茶(普洱茶、茯茶等)的纯茶饮料较多,而果汁果味茶饮料则是国内市场上比例最高的种类。利用各种具有保健作用的药食两用植物材料与茶叶复配制成的混合保健茶饮料,正成为茶饮料新的发展趋势。

中国茶饮料市场于20世纪80年代末起步,90年代中后期进入规模生产,2001年起进入快速发展期,消费市场以每年30%~50%的速度增长。2013—2015年为巅峰时期,我国茶饮料产销量超过1500万吨,产值达1000多亿元,占中国饮料消费市场份额的20%以上。随着茶饮料市场规模的快速崛起,茶饮料生产加工技术水平也得到了快速提升。研究揭示,茶饮料加工过程中会受温度、pH、空气等因素影响,使茶汁中的茶多酚类、生物碱、可溶性糖、色素、维生素、矿物质、香气等物质产生相应化学变化,儿茶素、氨基酸、可溶性糖等物质含量均有相应减少。茶饮料在贮藏过程中,茶多酚总量、儿茶素、游离氨基酸及香气成分等都会发生显著的下降。在茶饮料的护色技术、保质技术、防沉淀技术、保香技术等方面取得了一系列突破,膜分离技术、酶工程技术、非热杀菌技术、无菌灌装技术、芳香物质回收技术等先进技术被全面推广应用。研发了饮料护色技术:化学护色技术主要有包埋法、酶处理法、离子护色法、加抗氧化剂法以及pH调色法等,物理护色技术包括包装技术、灭菌技术和除氧技术等;防沉淀技术:添加酶(木瓜蛋白酶、漆酶、酸性脯氨酸水解酶、单宁酶)、吸附剂(硅藻土、硅胶、壳聚糖、明胶、乳清蛋白、聚乙烯吡咯烷酮)、包埋剂(β-环糊精）、多聚磷酸盐（三聚磷酸钠和六偏磷酸钠）、促沉剂（金属离子和蔗糖脂肪酸酯等），采用超滤技术去除部分茶多酚及咖啡因、碱性条件下转溶及低温贮藏处理等技术，抑制茶乳酪的形成，防止沉淀；茶饮料保香增香技术：添加β-环糊精包埋香精油、适量添加β-胡萝卜素、添加果胶酯酶（pectin esterase）和多酚氧化酶、香气回收再添加、非热力杀菌技术（冷杀菌技术）和添加乙基麦芽酚、麦芽酚等香味增强剂等，膜浓缩技术替代传统的真空浓缩减少茶浓缩汁中香气物质损耗。

（4）功能性终端产品开发　茶多酚在20世纪90年代初被列入食品添加剂中的天然抗氧化剂。进入21世纪以来，随着表没食子儿茶素没食子酸酯、茶氨酸、茶树花、茶叶籽油被我国列为新资源食品，为茶叶提取物在食品领域的大量应用突破了法规障碍。我国茶叶深加工技术研究开发逐步由过去只专注提取分离纯化技术创新向同时开展茶叶活性成分的功能研究与终端产品研发转移，以茶与健康的最新研究成果为基础，开发以茶叶功能成分为原料的天然药物、健康食品、功能性食品、休闲食品、功能饮料、个人护理品、动物健康产品及环境修复产品等，越来越多具有天然、健康特点的茶叶深加工终端产品投入人类健康、动物健康、植物健康和环境保护的大健康产业中，且产品呈现日益多样化、功能化、时尚化、方便化的趋势。

添加一定比例的茶多酚或茶提取物研制的功能型休闲食品成为茶食品发展的热点，先后研发出茶味糖果、茶味零食、茶味糕点、茶味蜜饯、茶味冷冻制品、茶面条和茶餐等茶休闲食品；在茶药品与健康食品领域，以茶多酚、儿茶素为主要成分开发天然药物、保健食品或膳食补充剂，已经成为过去近20年来国内外茶叶深加工领域终端产品开发的热点和重点。20世纪90年代，浙江大学以茶多酚为主要成分研发的具有清利头目、醒神健脑、化浊降脂功效的"心脑健胶囊"药品，成为我国首例茶叶药物；德国某公司与日本三井农林合作，以湖南农业大学研发的儿茶素90%作为活性制药原料（API），创制了治疗尖锐湿疣的天然药物Veregen（源自中国科学院程书钧院士的发明专利），于2006年在美国食品药品监督管理局（FDA）获得批准，成为1962年美国修改药品法以来的第一个纯植物药；以茶叶功能成分开发的保健食品涵盖了国家食品药品监督管理局（SFDA）公布的27个保健食品功能中的绝大部分功能；我国酒业著名品牌开始关注茶酒的发展空间，并不断推出各种茶酒新产品；茶的个人护理品与生活用品领域，开发面市的产品有防晒霜、护肤霜、美白抗皱霜、沐浴露、口臭消除剂、除臭纸巾、洗发液、洗手液、牙膏、香皂、洗脚液等；茶的动物健康产品领域，成功开发了功能饲料添加剂和茶兽药系列产品，为健康养殖提供新的产品支撑。

3. 茶叶深加工主要技术成果

茶叶深加工是茶学与化学、生物化学、化学工程、营养学、药理学、食品科学、食品工程、制药工程等多学科交叉融合而成的重要茶学分支。改革开放40年，茶叶深加工研究一直是跨界融合、协同创新的热点领域，也是我国茶叶科学研究取得高水平成果最多的领域分支。表2-2列出了我国高等学校、科研院所及龙头企业近40年取得的部（省）级二等奖以上的主要科技成果，这些创新成果有效驱动了我国茶叶深加工产业的快速发展。

表2-2 近40年来我国茶叶深加工领域取得的主要获奖科技成果

序号	成果名称	获奖类别	获奖年份	主持单位
1	茶叶天然抗氧化剂的提取及其应用	国家科技进步奖二等奖	1992	中国农业科学院茶叶研究所
2	茶叶功能成分提制新技术及产业化	国家科技进步奖二等奖	2008	湖南农业大学
3	茶皂素石蜡乳化剂（TS-80）	国家技术发明奖三等奖	1984	中国农业科学院茶叶研究所
4	TO-891制茶专用油脂	国家技术发明奖四等奖	1992	中国农业科学院茶叶研究所
5	茶叶提取物系列产品研究与开发	湖南省科技进步奖一等奖	2003	湖南农业大学
6	夏秋茶高效利用与速溶茶新产品创制及其产业化	中国轻工业联合会科技进步奖一等奖	2013	大闽食品（漳州）有限公司
7	生物催化技术重组并强化茶深加工制品的功能及其产业化	浙江省科技进步奖一等奖	2014	浙江大学
8	速溶茶的加工技术	中国轻工业联合会科技发明奖二等奖	2011	大闽食品（漳州）有限公司
9	茶皂素鱼毒活性及其应用	农业部科技进步奖二等奖	1992	中国农业科学院茶叶研究所
10	天然抗氧化剂——茶多酚	国家教委科技进步奖二等奖	1992	浙江大学
11	5~15吨/年茶多酚生产新工艺及成套设备	安徽省科技进步奖二等奖	1995	安徽农业大学
12	茶儿茶素等有效成分分离、应用及新型茶加工技术	农业部科技进步奖二等奖	1996	中国农业科学院茶叶研究所
13	红茶色素形成机理及制备技术研究	安徽省科技进步奖二等奖	2001	安徽农业大学
14	茶浓缩汁加工关键技术与装备	浙江省科技进步奖二等奖	2002	中国农业科学院茶叶研究所
15	高香冷溶速溶茶加工技术	浙江省科技进步奖二等奖	2004	中国农业科学院茶叶研究所
16	儿茶素抗氧化特性和免疫调节作用研究与应用	湖南省科技进步奖二等奖	2006	湖南农业大学
17	茶资源高效加工与多功能利用技术及应用	浙江省科技进步奖二等奖	2009	中国农业科学院茶叶研究所
18	夏秋茶资源高效综合利用关键技术创新与产业化应用	湖南省科技进步奖二等奖	2017	湖南农业大学

续表

序号	成果名称	获奖类别	获奖年份	主持单位
19	茶制品质量控制关键技术研究与应用示范	浙江省科技进步奖二等奖	2018	中华全国供销合作总社杭州茶叶研究院
20	食品工业专用茶高值化加工关键技术与产业化	中国农业科学院杰出科技创新奖	2018	中国农业科学院茶叶研究所
21	茶叶有效成分终端产品研究开发	中国茶叶学会科学技术奖一等奖	2009	浙江大学
22	茶多糖化学及功能性	中国茶叶学会科学技术奖一等奖	2013	安徽农业大学

4. 茶叶深加工技术未来趋势

茶叶深加工是提高夏秋茶资源利用率与茶业效益、维护产销平衡的重要途径，茶叶深加工理论技术研究与新产品开发将成为行业发展持续关注的重点。

（1）茶饮料加工技术发展趋势　随着经济社会的发展和人们生活水平的不断提高，我国饮料产品消费正逐渐走向健康化、个性化和功能化。这一趋势将不断逼茶饮料供给侧作出重大结构性调整，由调味型向纯味型、香精香料调制向天然原料调配、高糖型向低糖、无糖型等方向转变将成为茶饮料发展的必然。为此，饮料行业对茶饮料加工技术创新提出了更为迫切的需求，主要包括以下3个方面。①高保真制造与保鲜技术：茶叶天然营养和风味品质极易劣变，高品质纯味茶产品需要高保真制造技术和保存技术的支撑。②天然化配制技术：改变香精香料等食品添加的调制方式，积极应用酶分解、微生物发酵等风味调控和修饰新技术，开发出基于茶叶和天然植物、水果等自然配料的多元化、天然化调制产品。③功能化制造技术：积极挖掘茶叶新功能，采用功能强化与利用新技术，创制出功能型茶饮料产品。茶饮料作为一种大健康概念饮料，已成为饮料工业的重要品类，但同日本、我国台湾地区相比，我国大陆地区目前的人均茶饮料消费量并不高，通过产品结构的进一步优化，我国茶饮料产业还有较大的发展潜力。

（2）茶叶功能成分提制技术发展趋势　尽管我国茶叶提取物产业经过20多年的发展，已经在国际市场上起到举足轻重的作用。但是，我国茶叶原料通过深加工的比例还远低于日本等发达国家，茶叶功能成分提制技术将由过去单一追求产品纯度，发展到多元考虑纯度、安全、消耗、效率、效益等综合质量指标体系。绿色提制工艺（绿色提取溶剂、安全分离介质）、高效节能装备、高效分离技术、多成分综合高效提制技术、茶提取物的农药残留高效去除技术将成为提制技术重点。随着饮茶发展成为健康时尚的生活方式，方便、时尚、安全、健康的特点速溶茶已成为年轻群体、职业精英的消费趋向，且对速溶茶的质量要求越来越高。风味高保真、冷溶冰溶、高抗潮性是速溶茶提制技术需要持续创新重点。

（3）茶食品与含茶健康产品开发趋势　随着茶食品领域的科技创新力度不断加强，从机制、工艺等层面对茶及功能成分认知的不断深入，优化提取工艺，经过结构修饰、状态转化、配伍平衡等处理，解决茶叶深加工产品的低水平重复与同质化。茶食品、茶保健食品或特殊医学用途配方食品的种类将更加丰富，充分利用不同类型的茶食品原料（叶、花、果及其提取物），开发适合不同年龄及不同生理特点的专用化、个性化产品，相关市场空间将不断扩大。由于食品质量安全要求日趋严格，茶的畜禽健康制品研究也将不断获得突破，适口性、适用性、安全性将不断提高。跨学科、跨领域的技术协同攻关，在医药、保健品、个人护理品、纺织印染、空气净化等领域也会有越来越多的茶及其功能成分新产品进入市场。

三、创茶叶生物化学

王泽农教授毕生致力于茶叶科学研究。早在抗日战争时期，曾进行过茶场（厂）废弃物的综合利用研究，在提取咖啡因、茶多酚及试制茶染料等方面取得了不少成果。20世纪50年代以后，王泽农教授在"微量营养元素对茶树生长和茶叶品质的影响""茶叶发酵的生化机制""茶叶中特征成分的生物合成和转化等二级代谢"等研究中，从生物化学的角度，把各种因素的相互作用、互相制约的转化过程，提高到物质代谢生理生化机制的理论高度来认识，为茶学研究指明了方向和途径。针对茶叶化学、茶叶成分分析研究的局限性，王泽农认识到，要将茶叶化学的研究转到茶叶结构物质的生物合成和特征成分的形成与转化等生物化学领域上。此后，他一直以生物化学为主线致力于茶叶成分及生理生化相关领域研究，在国内高等学校茶叶专业率先开设了茶叶化学课程，建立茶叶生物化学教研室，并创导了茶学研究的生物化学基础理论。他撰写的《微量营养元素对茶树的生化作用》一文首次将实验观测到的微量营养元素对茶树的生长和茶叶高产优质的影响的直观认识，用物质代谢生理生化机制的理论来进行解释。1957年，王泽农编译了我国第一部茶叶生物化学专著《关于茶叶生物化学的研究》，拉开创建茶叶生物化学学科的序幕。20世纪60年代，关于茶叶发酵实质的问题是学术界较长时期内争论的热门问题，王泽农在通过发表《论茶叶发酵的实质——和陈椽同志讨论几个问题》《发酵的概念和茶叶发酵的实质》《茶叶发酵的生化机制》系列文章，摒弃了学界普遍认同的发酵是个别成分转化和生成新物质的片面观点，而是用生物化学系统观点重新对茶叶发酵进行阐释，从而全面系统地揭示了茶叶发酵的实质，得到了学界的普遍认可。此外，他撰写的《茶叶理化审评》《茶叶磷代谢的计量生化——茶树嫩梢中磷的再利用率和磷肥施用量》等论文为茶叶生物化学理论体系的构建奠定了坚实的基础。

作为一门系统科学，茶叶科学可以分为茶学（茶的自然科学，如茶树栽培、育种等）、茶业学（茶的社会科学，如茶叶经营贸易、流通等）和茶文化学（茶的人文科学，如茶文学、茶史等），这是由茶的多重属性和茶相关领域的发展需要所决定。因此，有学者将茶的研究分为茶学、茶业学和茶文化学三个子学科。作为一个学科专业，茶学是一门涉及农业生物科学、食品科学、植物学、经营管理学等方面的基础理论，包含茶树栽培、茶树育种、茶叶加工、茶叶审评、茶叶生物化学、茶艺、茶文化、茶叶经营管理、茶旅游等多方面茶叶理论与技能，涵盖与茶相关的农、工、商贸等诸多领域、文理结合的综合性学科，它包含上述三大子学科，使得"茶文化、茶经贸、茶科技三足鼎立，共同构成茶学"。而茶叶生物化学理论是茶学科学研究的"四大基础理论"之一，茶叶生物化学学科是茶学领域重要的基础分支学科之一，由王泽农教授创立。

结合国内茶叶生物化学研究现状，经过大量的文献分析和实验研究，王泽农通过将茶叶生物化学当时普遍认同的静态生化和动态生化体系发展为以酶系统作用和调控为动力的茶叶特殊特征成分生物合成和转化为中心的茶叶生物化学基本完善的新体系，并编著了国内外第一部《茶叶生物化学》（1961年）全国高等农业院校茶叶专业试用教材。该书以茶叶物质二级代谢为主线，显示了茶叶生物化学作为一门独立学科的理论价值，提高了学术水平和教学效果，为茶叶生物化学学科的建立奠定了理论基础。20世纪80年代，茶叶生化研究取得了全面的新进展和深化认知，王泽农编著的《茶叶生物化学原理》是这一时期有关茶叶生物化学研究最为瞩目的理论性成果。该书详细阐明了各种器官中茶叶中各种重要成分的分布、细胞质系统和超微结构。并根据生物体物质的次生代谢机制进一步阐述了茶叶的特性——酚类物质、咖啡因、茶氨酸、香气成分的形成和转化机制、栽培措施、环境条件以及对制茶过程的影响。《茶叶生物化学原理》著作反映了当时我国茶叶生物化学研究的新进展，完善了茶叶生物化学理论，与《茶叶生物化学》一书共同构建了茶叶生化成为独立学科的理论基础，使茶叶生物化学成了一门独立而系统的学科，并逐步形成茶叶贮藏生物化学、茶种质资源生物化学、茶鲜叶品质生物化学、成茶品质生物化学、制茶生物化学、静态茶叶生物化学、动态茶叶生物化学等分支，为茶叶科学研究提供新的理论支撑和路径。由于该书结合了我国当时茶叶生产和科研的实际，是一部具有中国特色科学理论的代表作，获得1977—1981年度第一届国家科技优秀图书奖，并被我国第一部地方技术通史《安徽科学技术史稿》全文收录。

基础研究作为获取新知识、新方法、新理论的重要途径，是提升原始创新能力、推动科学技术进步和社会生产力发展的先导因素。数十年来，王泽农不仅一直以生物化学为主线，在茶叶二级代谢等领域开展了卓有成效的基础研究工作，创导茶学研究的生物化学基础理论，建立完善的茶叶生物化学理论体系，创立茶学生物化学学科，开拓了茶学科学研究的新思路，完善了茶学学科体系，为当代茶学前沿基础科学研究奠定了坚实的理论基础；同时，还为我国名优茶开发、解决茶叶优质高产问题、茶树新品种选育、茶树品种提升、茶叶精深加工、茶叶功能性产品开发等提供了理论支撑和新思路。在茶叶科学研究领域，对茶树生物体和茶叶品质本质问题的研究，均无法脱离茶叶生物化学。随着茶学研究朝着多学科多领域交叉融合趋势演进，尤其是基因工程、酶工程、细胞工程、发酵工程等现代生物工程技术广泛应用于茶学研究中，越发凸显了茶叶生物化学的基础理论地位，其研究成果为茶叶活性物质、茶叶理化检验、茶与人体健康、茶叶加工学、茶叶深加工与综合利用、茶树分子育种学、茶树基因工程学等茶学前沿基础研究、应用基础研究提供新的理论依据和方法途径，茶叶生物化学课程也早已成为全国茶学高等学校茶学专业的专业基础课；安徽农业大学开设的茶叶生物化学课程也被列入安徽精品课程和国家精品课程。这一系列成果的取得与王泽农所创导的茶学研究的生物化学途径和茶叶生物化学理论体系密切相关。

四、思政微课《王泽农》

（一）参加爱国运动

王泽农教授热爱中国共产党，热爱祖国。由于国难当头，日本侵略者侵占我东北三省，并步步向华北进逼。王泽农在读书和以后的工作中，都积极参加爱国运动。青年时代积极参加爱国运动，并对青年学生进行爱国主义、民主革命等进步思想的教育。解放战争时期，南京国民政府对进步师生进行疯狂镇压和迫害，王泽农教授为了爱护和支持正义斗争，在鼓励和教导学生努力学习专业的同时，还特别关注学生的品德和思想的进步，经常参加学生时政座谈会，在学生主办的墙报上发表个人见解。他还积极参加进步师生的集会，对反动统治进行正义的谴责和抗议。"文革"期间，在极左思潮的干扰下，王泽农教授仍坚持教书育人，教导学生努力学习，刻苦钻研业务知识。在安徽省政协和九三学社工作期间，深入基层调查研究，广泛听取各界人士意见，积极参政议政，为发展安徽经济献计献策，作出了卓越的贡献，是中国共产党的老朋友，是知识分子的杰出代表。

（二）创茶叶生物化学

王泽农教授毕生致力于茶叶科学研究。早在抗日战争时期，曾进行过茶场（厂）废弃物的综合利用研究，在提取咖啡因、茶多酚及试制茶染料等方面取得了不少成果。20世纪50年代以后，王泽农教授在"微量营养元素对茶树生长和茶叶品质的影响""茶叶发酵的生化机制""茶叶中特征成分的生物合成和转化等二级代谢"等研究中，从生物化学的角度，把各种因素的相互作用、互相制约的转化过程，提高到物质代谢生理生化机制的理论高度来认识，为茶学研究指明了方向和途径。早在50年代就编译了《关于茶叶生物化学的研究》一书，这是我国第一部茶叶生物化学专著，后又连续三次主编全国统编教材《茶叶生物化学》。1981年编著出版的《茶叶生化原理》，获1977—1981年全国首届优秀科技图书奖。1990年主编《中国农业百科全书·茶业卷》，荣获全国优秀科技图书一等奖。他的一系列论著，为我国茶叶生物化学学科的建立奠定了坚实的基础。

（三）学以致用，坚持抗战

1938年王泽农从比利时回国，这时日本侵略军大举侵华，我国人民生命财产朝不保夕，物资供应严重缺乏，他受命协助李亮恭筹建复旦大学农学院。王泽农除担任教学工作外，还担任农场农产品制造组主任兼技师。由于当时经费拮据，他在产品上力求提高品质、打开销路，在技术上精益求精。当时大后方的酱油制造技术极为落后，仅靠天然发酵，品质较差。王泽农改进了天然发酵技术，分离、纯化培育了优良曲菌；由他领导研制的"复旦酱油"，成为重庆市场畅销产品，使学校经费自给有余。为坚持抗战到底，学校实行半工半读制。王泽农以身作则，每天下午与学生同劳动，并在现场为学生解决实际问题。当时复旦大学由于辗转迁徙，损失巨大，仪器设备都很缺乏，为了保证课堂讲授和实验不脱节，他与某些工厂协作或自行设计制造仪器和必需的药品、试剂，尽可能保证实验课程的顺利进行。1942—1944年，王泽农先后在江西泰和参加筹建江西农业专科学校，在福建武夷茶区参加贸易委员会茶叶研究所的创建工作。他艰苦创业，在教学、科研工作中取得了成果。在这个时期，他研制咖啡因率先采用直接灼烧法，在武夷山区进行调查和详测茶岩土壤，都是在艰苦条件下取得的可喜成绩。

（四）科技创新徽茶高质量发展

王泽农先生一生致力于茶叶科学研究，几乎把全部的精力都用于茶叶教学和科学研究。在教学与科研的过程中，王泽农先生常常深入茶区，走进茶企，实地调研，尤其是在他担任安徽省政协领导期间，更是对安徽茶业发展的问题关注有加。根据当时安徽乃至全国茶产业发展的实际，开展茶叶科技发明，在茶叶机械研发、茶叶加工技术、茶叶深加工产品开发等方面取得了诸多可喜的成果，为安徽茶叶科技的进步与现代化发展、徽茶资源的综合利用以及茶叶经济效益的提高作出了极大的贡献。20世纪80年代初，为了解决红茶和绿茶加工中的拣梗问题，他先后主持研制了HCDJ-6型红茶光电拣梗机和LCDJ-20型绿茶光电拣梗机，极大地提高了茶叶生产效率，降低了生产成本，推动了安徽茶叶科技的进步和茶业现代化。这两项成果分别获得了1981年安徽省科技进步奖三等奖和1984年商业部重大成果三等奖。1984年，王泽农先生获得了中国农学会赠、陈云同志题词的颁给坚持农业科学工作50年以上同志表彰状。

思政微课《王泽农》

CHAPTER 3

第三章 茶产业共富新时代

第一节 茶业通史陈椽

> 陈椽教授，安徽农业大学一级教授，著名的茶学家、茶业教育家、制茶专家、世界农业科技名人，我国近代高等茶学教育事业的创始人，长期致力于茶学教育和茶业科学的发展，作出了杰出的贡献，绿茶、黄茶、白茶、青茶、红茶、黑茶六大茶类分类方法一直被社会广泛采用。平生著作甚丰，著有《茶业通史》等著作40余部，发表学术论文200余篇，近1000万字，可谓茶界空前，国际影响颇大。中国首位茶学硕士研究生导师，首批享受国务院政府特殊津贴。

一、走近陈椽

陈椽（1908—1999），又名陈愧三。1908年3月8日，出生于福建省惠安县崇武镇的一个小商人家庭。幼年时期，他的父亲常常向他讲述戚继光、郑成功、林则徐的故事，灌输爱国主义思想，鼓励他长大后要像这些民族英雄那样为国家干一番事业。1934年，26岁的陈椽从北平大学农学院毕业后，先后在茶场、茶厂、茶叶检验和茶叶贸易机构工作。他既看到了茶叶在国民经济中的重要地位，也看到了当时中国茶叶科学的落后。于是下定决心献身茶业教育事业。当时的茶学教育尚处于初期阶段，层次和规模都较小，没有课程体系，更没有课本和教材。没有课本和教材，基本的茶学教学就很难实现。因此，陈椽就开始深入茶场，去实地收集资料，编写课本和教材，承担起了茶学专业的建设。1942年，陈椽编写了制茶学教材《茶叶制造学》上册、下册讲义。1943年，陈椽编写的国立英士大学农学系四年级教材《茶作学》讲义成为我国高校第一部较为系统的茶学教材，同时晋升为副教授。《茶作学》讲义囊括了多方面的内容，其中包括茶业通论、茶树栽培、茶叶制造、茶叶检验等，该本讲义对茶学学科的建设起着重要作用。抗战胜利后，陈椽在复旦大学茶叶专修科任教。为满足当时教育教学的新需要，陈椽相继编写了《茶树栽培学》《制茶学》《茶叶检验学》等大学教材。正是这些教材的面世，为茶学教育提供依据，为培养茶学人才奠定基础。中华人民共和国成立后，党和国家对茶学教育和科研更加重视，陈椽先生到安徽农学院参加工作，并担任茶业系主任，继续为茶业的教学和科研走上正轨而努力奋斗。

1956年，陈椽开始着手编写《制茶学》，1957年晋升为教授，后又于1961年编写了第一部全国高等农业院校试用教材《制茶学》（图3-1）、1979年编写《制茶学》（第二版）、《制茶学》（第三版）、1985年编写了《制茶技术理论》、1989年编写《制茶学》（第四版），为我国制茶学学科的发展不断充实教材体系。

陈椽在茶业经济方面编写的教材有《茶业经营管理学》（1982年）、《茶叶商品学》、《茶叶贸易学》、《茶叶市场学》、《茶业经营管理学》（1992年）等。在茶叶历史方面，陈椽编写的教材有《茶史研究》等。具体教材编写情况见表3-1。

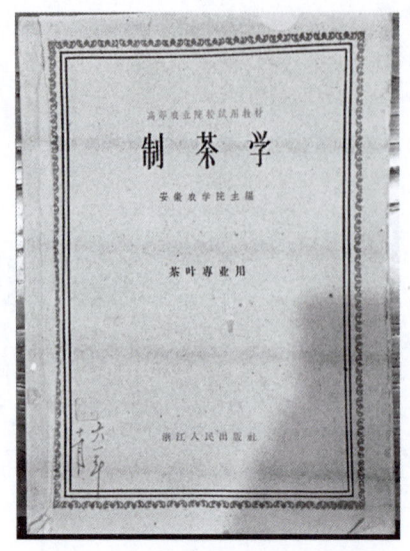

图3-1　第一部全国高等农业院校试用教材《制茶学》

表3-1　由陈椽牵头编写的教材

类别	教材名称	年份
茶树栽培学	《茶作学》讲义	1943年
	《茶树栽培学》上册、下册	1948年
	《栽培与制茶》	1981年
	《茶业概论》讲义	/
制茶学	《茶叶制造学》讲义，上册、下册	1942年
	《茶叶制造学》第一册、第二册	1949年
	《茶叶制造学》第三册	1951年
	《制茶管理》	1952年
	《制茶学》讲义上册、下册	1958年
	《制茶学》讲义上册	1958年
	《制茶学》讲义	1964年
	《制茶学》主编	1961年
	《制茶理论基础》	1965年
	《炒青绿茶》	1976年

续表

类别	教材名称	年份
制茶学	《制茶学》第二版	1979年
	《制茶技术理论》	1985年
	《制茶学》第三版	1979年
	《制茶学》第四版	1989年
茶叶检验学	《茶叶检验》	1952年
	《茶叶检验学》讲义	1957年
	《茶叶检验学》	1961年
茶业经济、茶业史	《茶叶贸易史》讲义	1962年
	《茶业经营管理学》	1982年
	《茶业通史》	1984年
	《茶史研究》讲义	1989年
	《茶叶商品学》	1991年
	《茶叶贸易学》	1991年
	《茶叶市场学》十二章	1992年
	《茶业经营管理学》	1992年

注：资料来源《茶学开拓录》《陈椽论文选》。

陈椽教授一贯十分重视教书育人，把课堂、实习现场作为对学生进行思想教育的场所，从如何做人到怎样学好知识，不厌其烦地结合实际教育学生，既教书、又育人，由于他以身作则、作风平实、平易近人、热情相助、感人至深，不少学子登门求教，毕业后一直与他保持联系，还有一批在海内外工作、学习的学生遇到困难，仍求教于他。而平时他从不以来访、来函（电）身份高低、路途远近，工作单位性质，年龄不同而区别对待，做到来者不拒、热情接待、有求必应、尽力相助，因而赢得了广大师生和海内外同行，尤其是茶区基层技干的尊重与赞誉。"文革"期间，他不受极左思潮的干扰，仍坚持教书育人，教导学生努力学习，刻苦钻研业务知识，在担任安徽省政协常委、农工党安徽省委会常委工作时，深入茶区基层，广泛听取意见，积极参政、议政，为发展安徽茶业事业献计献策，作出卓越贡献，成为中国共产党的亲密朋友、知识分子的杰出代表。1990年荣获国家教委金马奖，以表彰他为茶业教育所做的贡献。仙逝消息传开后，远在海内外工作的学子，建议成立教育基金会，长期地纪念这位尊敬的教育家。

陈椽教授在教学的同时从未间断过茶叶科学研究工作。早在20世纪40年代，他就在制茶技术，茶叶化学方面进行开拓性研究，特别是茶叶"发酵"的理论研究，提出制茶的变色学说，论证了制茶变色的原理和变色的机制与实质，制茶过程的变化主要是多酚类化合物在一定条件下的氧化变化，从而形成了各类茶的品质，产生了茶叶的各种色泽。1951年苏联科学院院长奥巴林院士，特意参观访问复旦大学茶业专修科，向他询问黄茶的制作方法，陈椽教授把他在茶叶化学方面研究见解写在黑板上，这位院长看后发现自己原来的假说"茶叶发酵和呼吸有联系"的观点是错误的，回国后，在杂志上发表文章，高度赞扬其茶叶科研上的贡献，文中写道："谁说中国人不研究茶叶，复旦大学陈椽教授不是在卓有成效地研究吗？"

陈椽教授1979年撰写了《茶叶分类的理论与实际》一文，以茶叶变色理论为基础，系统地把茶叶分为绿茶、黄茶、黑茶、白茶、青茶和红茶六大茶类，以各类茶叶叶绿素破坏程度及黄烷醇类变化程序的顺序，体现了茶叶主要内含物质变化的系统性。这一科学分类法，对我国的茶学教育、科研及生产流通产生重大影响，得到学者高度评价。20世纪40年代，英国、美国、日本、印度等国家有学者提出"茶树原产地是在印度阿萨姆，中国茶树是从哪里传来的"，面对严峻的挑战，他在长期研究我国茶业发展历史和前人研究成果的基础上，经周密考证，以大量事实进一步证实了茶树的原产地在中国云南，于1979年撰写了《中国云南是茶树原产地》一文，1980年又发表了论文《再论茶树原产地》。中国茶叶已有数千年的历史，历代群书都有零星记载。1982年，国家有关部门把《茶业通史》撰写的任务交给了他。为此，他谢绝了到海外讲学、参加国际学术活动的邀请，集中全力，伏案写作，这部44万字的巨著运用了大量古今中外史料，共15章48个专题，出版后成为我国茶叶科学文库中的重要文献之一。

陈椽教授早年倡导发展名优茶，一直到80岁高龄仍在大江南北的茶区。安徽省的天华谷尖、敬亭绿雪、瑞草魁等历史名茶以及天山真香、齐山翠眉、黄花云尖、天柱剑毫，陕西省的秦巴雾毫、午子仙毫、汉水银梭等新创名茶，均在陈椽教授亲自指导下，或恢复历史原貌，或研制新秀，这对于带动大宗茶的品质、发展茶区经济，使茶农以科技兴茶、脱贫致富，具有十分重要的意义。1985年由他主编的《中国名茶研究选集》，也对名优茶发展起到了指导和推动作用。他因此曾两次获安徽省政府扶贫先进个人奖。

陈椽教授的学术论文被译成英文、法文、日文在国外发表，专著传播海外，产生深远的影响，如《中国云南是茶树原产地》和《再论茶树原产地》，论证了中国云南是茶树原产地，批判了二元论和"非中心"论，澄清了史实。这两篇论文，在日本茶业专业杂志很快进行转载；茶树原产于中国的一元论观点，被日本研究茶树起源的名城大学桥本实教授所赞同，为我国争得荣誉。另一篇著名论文《茶叶分类的理论与实际》中提出新的茶叶分类方法，法国植物研究中心梅塔耶博士将陈椽的这篇论文推荐给他的导师、世界著名生物学家——英国剑桥大学李约瑟博士，他请人译为英文，发表在法国植物生物史专刊上，引起国际上强烈反响。日本来函邀他赴日讲学，1984年和1986年，陈椽的名字和简历被英国伦敦的朗曼（Longman）出版集团公司名人出版中心分别列入《世界农业科技名人录》和《世界科学家亚洲分册》，1988年被收编入《世界名人传记》一书。在国内他是中国茶叶学会创始人之一，曾任中国茶叶学会常务理事兼学术委员会主任，中国农学会理事，中国茶叶流通协会高级顾问，安徽省科协常委，安徽省茶业学会理事长、名誉理事长，安徽省农学会常务理事，安徽农学院学术委员会副主任，《茶业通报》杂志主编；先后有国内《中国科学技术专家传略》《中国当代农业科技专家名录》等近20部传记收录了他的名字和成就。陈椽教授一生留下的"遗产"——著作、论文，是中华民族的瑰宝，他那敬业的思想和矢志不渝的精神,将永留人间,并激励着人们继续为振兴中华茶业事业奋勇前进。

二、茶业经济发展

1979年至今,乘着我国改革开放的春风,我国茶产业取得了巨大的发展成就,产业规模与效益均显著提高,从全球范围来看,茶产业规模居世界第一、出口产值居世界第一。40年来,中国茶叶产品丰富多元,优势区域特色明显,产业化水平不断提高,茶叶进出口稳中有增,国内消费市场日趋繁荣。

(一)茶园面积、产量快速增长,总供给能力显著提高

改革开放以来,我国茶产业总体呈现快速发展的特征,其中分别经历了稳定发展与高速增长2个阶段。通过40年来的发展,茶园面积和产量均稳居世界第一位,生产能力得到显著提高,为满足国内外需求提供了基本保障。具体来看,1978—2002年为稳定发展期,其间茶园面积在110万公顷徘徊,茶叶产量从30.37万吨增长至74.54万吨,年均增长4.17%,这一时期产量的提高主要得益于单位面积产量的提高。2003年至今为高速发展期,至2018年我国茶园面积达293.1万公顷,茶叶产量达261.6万吨,年均增长率分别达6.31%、8.64%,这一时期的高速增长主要得益于新增茶园面积的快速发展(图3-2)。

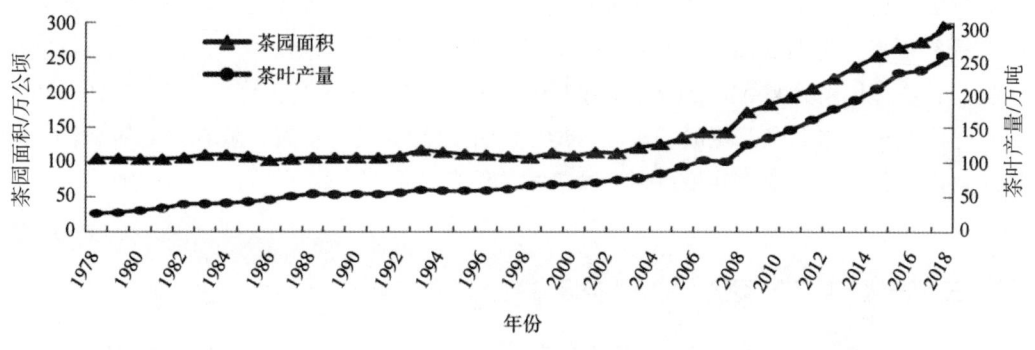

图3-2 1978—2018年我国茶园面积和茶叶产量

(二)六大茶类协调发展,品类日趋丰富多元

我国是世界上唯一能生产六大茶类的国家。改革开放40年来,六大茶类产量均稳步增长(图3-3),特别是中小茶类发展特别迅速,形成了以绿茶为主导,六大茶类协调发展的格局。在总产量都提高的情况下,六大茶类内部结构根据市场需求有所调整,1980—2018年,绿茶占比以1985年最低为55.16%,2006年最高为74.30%,2013年开始绿茶占比降到70%以下。红茶在近40年来经历了较大的起伏,先是由1980年的占26.93%持续缩减至2007年的4.56%,后又回升至2018年的10.01%。乌龙茶占比由1980年的2.91%稳步上升到2013年的12.55%,之后

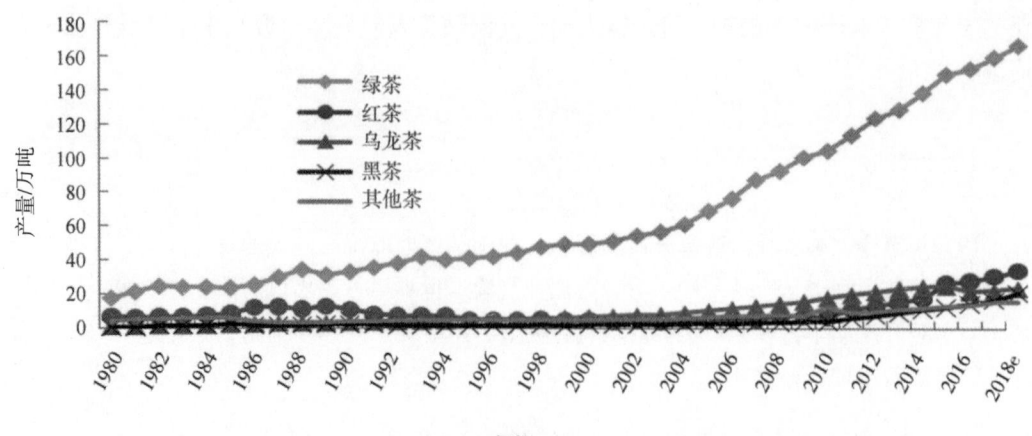

图3-3 1980—2018年我国各茶类产量变化

稳定在11%～13%。黑茶、白茶、黄茶在2013年前占比相对稳定，总占比约为10%，其产量的增长基本与我国茶叶总产量的增长保持一致，近几年黑茶、白茶、黄茶增长相对较快，2018年三类茶的占比已达13.80%。

为了满足市场的多元化消费趋势，我国茶产业以市场为导向进行产品创新与开发。名优茶的生产与消费是我国茶产业发展的一大特色，也是提高产业经济效益的重要途径。改革开放以来，我国恢复与新创制了一批名茶，名优茶品类达1000多个，名优茶产量占茶叶总产量的比值从1990年的5.3%提高到了2017年的49%。同时，为了延长茶产业链，提高茶叶资源利用率，进而提高产业经济效益，开发出了速溶茶、茶饮料、茶多酚、茶氨酸、茶食品、茶日化用品、茶保健品等深加工新产品。2017年即饮茶饮料产量已达1500万吨左右；速溶茶、茶多酚、茶氨酸等茶叶提取物产量超2.5万吨。同时，随着饮茶便利化、时尚化诉求加强，新式茶饮开始占据一席之地，销售规模约为756亿元，占茶叶销售总规模的20%。

（三）产区布局不断调整，特色优势区域初步形成

目前我国共有20个产茶省（自治区、直辖市），1000多个产茶县（市），其中2017年种植面积超百万亩的省有12个，规模最大的100个产茶县种植面积合计近133万公顷，产量136万吨，产值达855亿元，占全国的比例分别为48.8%、55.28%、61.96%。改革开放以来，我国茶叶种植区域结构不断调整，从1978年和2017年省域产业规模数据看，浙江、安徽、湖南、重庆在全国的产量和面积占比均有所下滑；福建、广东与广西在面积占比下滑情况下产量占比则有所提高，江苏虽然面积占比有所提升但产量占比有所下滑；山东、河南、湖北、四川、贵州、云南、陕西等中西部产区在全国的面积占比与产量占比均有所上升（表3-2）。我国已形成长江中下游的名优绿茶重点区域、东南沿海的优质乌龙茶重点区域、长江上中游的特色及出口绿茶重点区域和西南的红茶及特种茶重点区域4个优势特色产区，现今四大优势产区产量占全国茶叶总产量的90%以上。

表3-2 1978年和2017年主产区茶叶面积占比变化

主产地	面积占比/%		产量占比/%	
	1978年	2017年	1978年	2017年
浙江	15.26	6.97	21.90	7.25
安徽	8.86	5.81	11.18	4.38
湖南	16.64	5.47	20.54	8.01
重庆	3.02	1.40	2.99	1.58
福建	8.98	7.27	7.57	16.05
广东	4.00	2.05	3.36	3.78
广西	2.86	2.62	2.69	2.92
江苏	1.02	1.18	1.72	0.57
山东	0.53	0.73	0.34	0.79
河南	1.25	4.06	0.39	2.60
湖北	8.16	9.94	6.49	12.33
贵州	4.04	16.01	2.46	7.17
云南	9.48	15.37	6.64	16.00
陕西	2.96	4.44	0.53	2.71
四川	10.78	12.51	7.09	11.29

注：重庆市1997年成为直辖市，此前归属四川省，为使数据统一可比，表中1978年四川省占比数据已扣除重庆市部分；原始数据来自《中国统计年鉴》。

（四）产业组织体系日益完善，茶叶流通渠道不断升级

通过近40年的发展，我国形成了完善的茶产业生产经营组织体系，形成了以小茶农、专业大户、家庭茶场、合作社、龙头企业为主体的生产加工体系。在茶农专业合作社带动下，茶农组织化程度大幅提升。从国家茶叶产业技术体系产业经济研究室的调研数据来看，我国茶农合作社入社率约为65%。通过各项政策及配套资金，扶持关键性经营主体特别是培育茶叶龙头企业，通过龙头带动产业发展，我国现有茶叶企业6万多家，其中规模以上茶叶企业1600多家，比2005年增加1000家，以品牌化龙头企业为主的产业经营主体的市场影响力不断增强。我国茶叶类国家级龙头企业已由初始的3家增加至2018年的38家（图3-4）。1998—2016年我国规模以上精制茶加工企业（指主营业务收入在2000万元及以上的精制茶加工企业）从327家增长到了2089家，占比从2.8%提高到了14%。2003—2016年精制茶加工企业工业销售产值从64亿元提高到2331亿元。

茶叶流通模式从计划经济时代的统购统销转为自由流通，流通业态不断创新发展，逐步形成了茶叶批发市场式、连锁加盟店式、超市货架式、团购直销式、网络销售式共五大茶叶销售模式。进入21世纪，伴随互联网的普及、电子商务的兴盛，新型流通业态蓬勃发

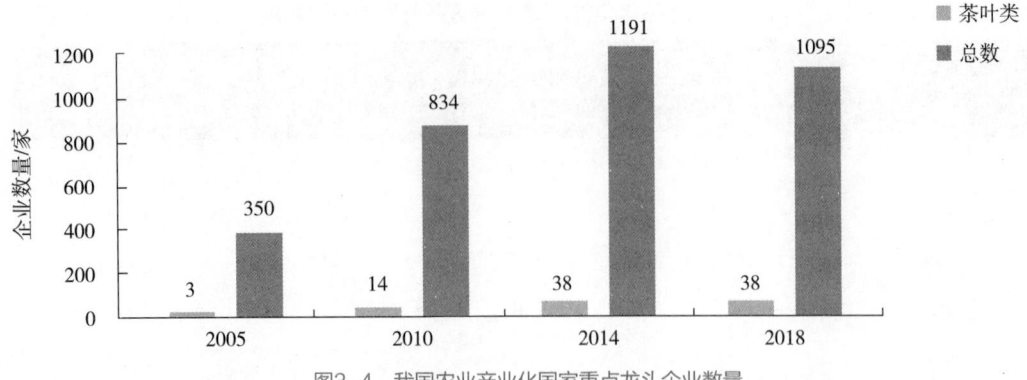

图3-4 我国农业产业化国家重点龙头企业数量

展。2016年年交易额亿元以上的茶叶批发市场28家，成交额279亿元。茶叶电商销售已初具规模，茶叶电子商务销售额从2011年的20亿元增长到2017年的219亿元，茶叶行业网络零售额占行业销售总额比重由2.27%增长至10.23%。根据国家茶叶产业技术体系产业经济研究室调研数据，在手机端购买茶叶的人群比例已达9%，在专卖店和商超购买茶叶的消费者比例分别为35%与11%。2018年我国茶叶电商销售额为205亿元，同比增长17.14%。随着新茶饮的兴起，新茶饮空间在全国快速崛起，成为满足年轻消费群体的新兴渠道。

（五）国内需求市场蓬勃发展，国际贸易稳步增长

我国生产的茶叶85%以上都是在国内消费，只有深挖与激活国内茶叶消费市场才能保障产业可持续发展。改革开放以来，我国通过各类茶事活动、茶文化讲座、茶叶科普、全民饮茶日等活动积极宣传与推广茶生活方式，营造了浓厚的茶叶消费氛围。在茶文化方面不断开发中国博大精深的茶文化价值，文化价值赋予了中国茶独特的魅力，成为引导茶叶从物质消费到精神消费的重要方式。在科普方面，通过饮茶与健康功能的宣传，饮茶有益健康理念深入人心，成为扩大茶消费的第一驱动力。同时，国内不断创新茶叶消费方式，让茶不仅仅是传统的冲泡饮料，更是覆盖了吃喝玩乐各个方面，极大地拓展了茶叶的消费空间。目前，中国已是全球最大的茶叶消费国，50%以上的人有饮茶习惯，在中高收入人群中这一比例超过了60%。从3年平均的人均消费量来看，2000—2002年人均茶叶消费为0.37千克，2015—2017年增至1.42千克，年均增长9.38%（图3-5）。近年来，国内茶叶消费市场呈现四个特点：一是六大茶类消费量全面增长，形成了以绿茶为主导、中小茶类为补充的消费市场格局，乌龙茶、黑茶、红茶形成了稳定的消费群体，黄茶、白茶消费呈现快速增长态势；二是茶叶地域性消费特征向多元化消费特征转变，随着我国城市化水平提高，部分在区域内消费的茶叶逐渐走向全国市场；三是茶叶消费形式逐渐多元化，总体上向方便、健康、经济、多样化的方向发展；四是调饮、冷泡、机器冲泡等新的饮用方式激发了年轻人的茶叶消费需求。

目前我国茶叶出口总额、绿茶出口量全球第一，总出口值居全球第一，是全球重要的茶叶贸易国，中国的茶叶出口量占世界市场的15%～20%。1949—2018年，中国茶叶出口量从2.17万吨增长至36.47万吨，增长15.81倍；出口额从0.045亿美元增长至17.38亿美元，增长385.22倍（图3-6）。目前我国茶叶出口至130多个国家和地区，其中出口量超过万吨的国家

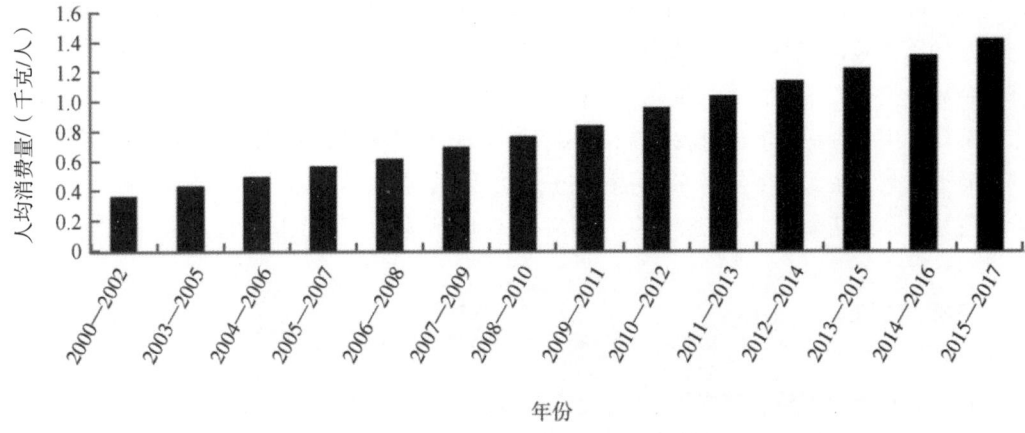

图3-5 我国茶叶人均3年期平均茶叶消费量变化

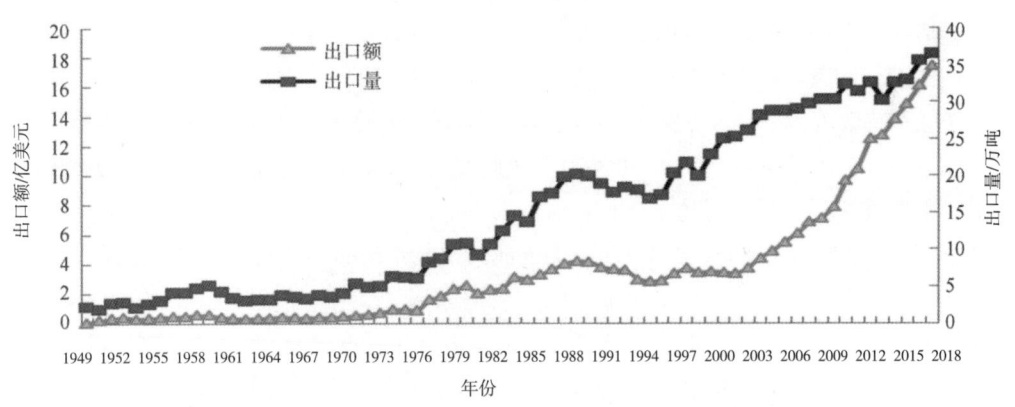

图3-6 1949—2018年我国茶叶出口情况

或地区有12个，约占我国全年出口总量的70%。我国茶叶出口市场集中度较高，2001—2018年CR4、CR8（以贝恩集中分类法[①]对我国茶叶出口市场进行分析，其中n分别取4和8）的年平均值分别为0.4319、0.6026。中国不仅是全球重要的茶叶出口国，而且不断对外开放国内市场，1992年以来中国茶叶进口额和进口量分别年均增长16.33%与8.43%。

（六）品牌管理制度日趋完善，母子品牌结合成效显著

为了满足消费者对品牌化、高品质茶叶的需求，我国各级政府主管部门依据国家原产地域地理标志保护相关制度，不断完善茶叶品牌管理法律法规，形成了有效的品牌管理制度。2005年国家质量监督检验检疫总局发布《地理标志产品保护规定》，2007年农业部制定了《中国名牌农产品管理办法》《农产品地理标志管理办法》，2008年农业部组织制定了《农产品地理标志登记程序》《农产品地理标志使用规范》。在长期的茶叶品牌管理实践中，逐步探

---

① 贝恩集中分类法由美国产业组织理论先驱乔·贝恩（Joe Bain）提出，用于对产业垄断和竞争程度进行分类。

索形成了母子品牌管理这一有效的品牌管理模式,取得了显著的成效。特别是主产地政府,结合本地茶产业区域特色,培育与推广了一批区域特色突出、产品特性鲜明的区域公用品牌、企业品牌、产品品牌等。西湖龙井、黄山毛峰、安溪铁观音、云南普洱、安化黑茶、安吉白茶等公用品牌在国内享有较高声誉。在公共品牌的带动下,一些企业品牌也迅速发展,某些品类的茶叶企业品牌知名度甚至超过了公共品牌,企业品牌的发展也进一步带动了消费者对公共品牌的认知,二者相得益彰,形成了从母子品牌到子母品牌模式的转型。

三、《茶业通史》故事

李约瑟在《中国科学技术史》中说:"中国是全世界最伟大的有编纂历史传统的国家之一。"中国茶叶已有数千年的历史,历代群书都有零星记载,但研究茶史,则茫无边际。1982年,国家有关部门为了满足我国茶叶生产和对外贸易迅速发展的需要,把撰写世界上第一部《茶业通史》的任务交给了陈椽教授。为了写好这部著作,陈椽先生谢绝了赴国外讲学的邀请,集中全力,伏案写作。这部43.8万字的巨著运用了大量古今中外的有关史料,阐明了茶的起源、茶叶生产的演变、制茶技术的发展与传播、中外茶学、茶与医药、茶与文化、茶叶经济政策、茶叶对外贸易、中国茶叶今昔等,共15章49个专题。该书的出版不仅获得了国内茶叶工作者的高度评价,也得到了国际友人的好评。日本茶叶团体丰茗会在每月聚会时,都要逐段逐句地学习这部著作;法国梅塔耶博士还把《茶业通史》节译为法文。这部著作的出版对推动茶叶科学的进步、促进我国茶叶生产的发展起到了重要作用,成为我国茶叶科学文库中的重要文献。《茶业通史》初稿完成于1977年,后经完善,定稿于1982年,1984年由中国农业出版社出版;2008年,陈椽先生百年诞辰之际修订再版(图3-7),是国内外第一部,也是唯一一部茶史专著。

《茶业通史》是世界上第一部茶学通史著作,书中对茶业科技、茶业经济、茶文化都做了全面论述,是一部体大思精之著,是构建茶史学科的奠基之著。《茶业通史》是中华民族乃至世界茶业发展的历史变迁的缩影。整本书分析了我国茶业发展过程中的几大类问题,涉

图3-7 《茶业通史》的两个版本

及科技史、经济史、文化史、传播史几个方面，涵盖的范围比较广泛。这种研究方法，拓宽了茶学的研究思路，表明了陈椽不仅仅是茶学家，也是历史学家，其独创的茶史学角度成为茶学研究法中的一个创新角度。陈椽先生在浩瀚的史海中搜寻整理出与茶相关的史料，内容十分翔实。《茶业通史》将历史发展脉络贯穿其中，秉持着编写茶业历史不可背离历史唯物主义的观点来叙述书写。陈椽先生在前言谈道："初学茶学，就向往史篇，有志于'三言两语'，聚沙成塔。"任何事物都不是孤立的，而是与其他事物互相联系的。

《茶业通史》在内容方面贵在一个"通"字。浏览全书，这是迄今为止的一部比较系统、比较全面的茶史著作，是真正的茶业大全。"通史"可以理解为贯通的历史，就是一个国家或地区或世界的从最早文明到现在的历史。既然叫通史，首先要求叙述的内容广泛，所有重要事件和研究课题要全面；其次，要求在叙述中体现历史发展脉络贯穿其中，给人一种整体的认识。《茶业通史》基本上符合了以上对通史的要求。除了历史跨度，《茶业通史》更突破了我国茶史书籍只注重写中国茶史的局限，尽可能地把外国的茶业发展历史融入其中。根据相关专题加入了世界茶业历史发展情况，引用大量的外国文献，脉络分明、考证翔实，使茶史学的研究有了新的广度。除了叙述的内容广泛，在叙述中以茶业发展历史贯穿始终，给人一种综合性、整体性的认识，使其成为名副其实的"茶业通史"。

《茶业通史》运用了大量古今中外的有关茶的史料，阐述了茶的起源、茶叶生产的演变、中国历代茶叶产量变化、茶业技术的发展与传播、中外茶学、制茶的发展、茶类与制茶化学、饮茶的发展、茶与医药、茶与文化、茶叶生产发展与茶业政策、茶业经济政策、国内茶叶贸易、茶叶对外贸易、中国茶业今昔，共15章49个专题。每个专题都以历史发展脉络为主轴，自古至今（20世纪50年代为止），利用丰富翔实的史料为依据，结合作者丰富的茶学实践经验，阐明了我国茶业悠久的发展历史。具体目录见表3-3。

表3-3　陈椽编著《茶业通史》目录

章	节
第一章　茶的起源	第一节　传说与记事 第二节　从茶就是茶说起 第三节　茶字来源及传播
第二章　茶叶生产的演变	第一节　我国是茶树原产地 第二节　皋芦种是茶树原种 第三节　茶树分布与茶区形成
第三章　中国历代茶叶产量变化	第一节　唐代茶叶产量 第二节　宋代茶叶产量 第三节　元明茶叶产量 第四节　清代茶叶产量
第四章　茶业技术的发展与传播	第一节　中国茶叶生产技术的发展 第二节　茶叶生产技术的传播 第三节　各国种茶概况

续表

章	节
第五章　中外茶学	第一节　我国早期的茶业文献 第二节　我国历代的茶业著作 第三节　我国历代茶书目录 第四节　国外茶业文献提要
第六章　制茶的发展	第一节　制茶发展的历史条件 第二节　制茶技术的发展 第三节　制茶机械的发现
第七章　茶类与制茶化学	第一节　茶类的发展与划分 第二节　历代名茶 第三节　制茶化学的发展
第八章　饮茶的发展	第一节　国内饮茶的发展 第二节　国外饮茶的发展 第三节　国内饮茶的方式方法 第四节　国外饮茶的方式方法 第五节　饮茶用具的发展
第九章　茶与医药	第一节　茶药起源于《神农本草》 第二节　茶叶药用的发展
第十章　茶与文化	第一节　茶与佛教 第二节　茶与文学艺术
第十一章　茶叶生产发展与茶业政策	第一节　榷茶 第二节　"以茶治边" 第三节　历代茶法 第四节　茶业法律 第五节　人民的反抗与斗争 第六节　英俄把茶叶作为推行侵略活动
第十二章　茶业经济政策	第一节　茶业经济与国计民生 第二节　贡茶 第三节　茶税
第十三章　国内茶叶贸易	第一节　茶业贸易的开始和发展 第二节　西北茶市的兴衰
第十四章　茶叶对外贸易	第一节　茶叶开始对外贸易 第二节　旧中国茶叶对外贸易畸形发展 第三节　茶叶对外贸易的衰落 第四节　帝国主义扼杀华茶外销
第十五章　中国茶业今昔	第一节　旧中国茶业破产 第二节　新中国茶业兴旺

《茶业通史》在第一章——茶的起源、第二章——茶叶生产的演变、第四章——茶业技术的发展与传播、第六章——制茶的发展、第七章——茶类与制茶化学、第九章——茶与医

药、第十五章——中国茶业今昔，这七章中分专题重点翔实地介绍了我国古代茶业科技方面和现代世界茶业科技的历史发展过程。可谓是茶业科技方面的权威之作。《茶业通史》除了茶业科技方面，对茶业经济部分也是重点全面叙述，主要包括第三章——中国历代茶叶产量变化、第十一章——茶叶生产发展与茶业政策、第十二章——茶业经济政策、第十三章——国内茶叶贸易、第十四章——茶叶对外贸易。《茶业通史》还在第五章——中外茶学、第八章——饮茶的发展、第十章——茶与文化这三章集中对茶文化的历史发展进行了概述。

茶业是集农、工、商贸于一体的大农业，茶业著述是茶业物质生产和精神生产的综合记载与评述，是继承与发展茶文化的重要手段。文化的延续和传播与文献是密不可分的，研究某一种文化现象或是某一时代的文化特征，必须求诸相关文献。研究茶史也是如此，不从历代茶文献入手，仅凭臆测或是人云亦云，茶史便是无源之水、无本之木，历史既不可假设，也不可抹杀，要用一种审慎求真的科学态度去查考历史。《茶业通史》突破了以往茶史专著只是将茶业历史资料汇编的局限，真正把茶业历史发展看作整体来研究。既有古今茶业历史的详细发展演变，又有中外茶业发展对比。在全面描述茶业历史的基础上运用科学的"茶史学"思想为指导，对历史发展进行分析。透过历史现象揭示历史的本质，探索历史的发展规律，使历史规律与现实状况和未来的发展联系起来，融为一体，以求得对整个茶业发展的高屋建瓴的洞察性和预见性认识。开创了茶史学研究之河，奠定了当代茶史学研究基础。

四、思政微课《陈椽》

（一）对茶叶锲而不舍的专研精神

中华人民共和国成立后，茶业教育和科研得到了党和国家的重视，1952年全国高等院校进行院系调整，陈椽自愿要求到工作、生活条件较艰苦而盛产茶叶的安徽工作，担任安徽农学院副教授兼茶业系主任，亲自抓教学大纲的制定、课程的设置和生产实习基地的建设，为该系的创办、教学科研逐步走上正轨化做了大量艰苦细致的工作，1957年晋升为教授。这期间他还致力于提高制茶学课程的教学水平，两次主编全国高等农业院校教材《制茶学》以及《茶叶检验学》，编写了《茶树栽培技术》《安徽茶经》《炒青绿茶》等著作，即使在"文化大革命"期间被迫离开教学、科研岗位后，也从未中断过写作。他结合自己的教学和实践经验，将平时收集的资料加以整理，写成了《制茶全书》，分为总论、绿茶、黄茶和黑茶、白茶和青茶、红茶5个分册，共100多万字。"文化大革命"后，他又回到了教学、科研第一线，这时虽已年高体衰，但精神更加焕发，他说："我好像严冬下的一棵'老茶树'，春天来了，我这棵'老茶树'又重新抽枝发芽了。"1977年，他虽然肌膜炎复发，不能走路，但还是忍着疼痛，夜以继日地在病榻上撰写了《茶业通史》《中国茶叶对外贸易史》《茶与医药》3部共100多万字的巨著，向全国科学大会献礼，表达了知识分子对党和人民的赤诚之心。

（二）确立茶叶分类法

日本人古在油泽于1980年在研究制茶绿变红时提出"微生物发酵说"，认为茶叶变红是微生物作用，与工作上一般的发酵相同。这种分类法以共性掩盖个性，氧化作用与呼吸作用混淆不清，是非科学的。陈椽积数十年教学和科研经验，1979年撰写了《茶叶分类的理论与实际》一文，以茶叶变色理论为基础，提出了新的分类法，系统地把茶叶分为绿茶、黄茶、黑茶、白茶、青茶和红茶六大茶类。这种新的分类法，既体现了茶叶制法的系统性，又体现了茶叶品质的系统性，以上六类茶类的排列次序，实际上就是各类茶叶叶绿素破坏程度及黄烷醇类变化程度的顺序，因此也体现了茶叶主要内含物质变化的系统性。这一科学分类法的建立与应用，不仅对我国的茶叶教育、科研及生产流通产生了重大影响，而且迅速传播到国外，得到了国外学者的高度评价。该论文由法国植物学研究中心梅塔耶博士推荐给他的导师——英国剑桥大学世界著名生物学家李约瑟博士，在国际上引起了强烈反响。

（三）为国培养茶学科技人才

陈椽教授治学严谨，诲人不倦，几十年来一丝不苟地对待每一堂课，有时遇到出席重要会议，会议结束后他总是及时地把课补上。他说："教学、科研是我们大学教师的首要任务，为'四化'培养人才不提高教学质量是不行的。"先生善于改革教学方法，积极推行启发式教育。还常常亲自指导学生的制茶实习，言传身教、耐心细致地讲解制茶原理，亲自指导操作技术，有时为了制好一种茶，要连续操作到深夜，废寝忘食。在教书的同时还重视育人，重视学生的思想教育。他说："过去那种教书不教人的教育方法害死人，必须彻底改革，我们要培养出合格的高级科学技术人才，教书就得教人。"平易近人、和蔼可亲，对同学热情帮助、体贴关心，所以经常有不少学生登门求教。他从不以来访者、来函者身份的高低、年龄的大小而区别对待。有求必应，来者不拒，这是他待人的准则。他多次被评为先进工作者、优秀教师和教育工作者。半个多世纪以来，陈椽为国家培养了几代茶学科技人才。除了2年制的专科生和4年制的本科生外，1980年恢复研究生制度后，又先后招收了制茶、茶机、茶叶检验、茶史、茶叶贸易、茶叶市场学等方面的硕士研究生13名。为了加速高校的师资培养，1986年开办了全国制茶助教进修班，亲自编写教材并讲授制茶技术理论课程。还多次配合农业部、商业部等单位举办全国性制茶技术训练班，以及通过下场、下乡举办短期学习班等方式，培训基层技术力量。通过上述多层次的教学方式，为国家培养了一代又一代高级、中级人才，他的学生中不乏教授、专家及茶叶部门的业务骨干。

（四）创办中华人民共和国第一个茶业刊物

中华人民共和国成立初期，百废待兴，文化逐步开放，各类期刊刚开始发展。当时的茶业界发展尚不成体系，又加之面对了一个经费不足和稿源缺乏的窘境，茶业界一直没有自己专门的茶业杂志。后在各界的支持和努力下，陈椽在1950年2月15日创办了《中国茶讯》。为了谋求《中国茶讯》的长足发展，先生从《中国茶讯》创刊开始就亲自撰写文章，持续在《中国茶讯》发表了《我们怎样搞好茶叶生产来实践中苏贷款协定》《如何贯彻茶厂管理民主化》《制茶机械讲话》《一年来的中国茶叶》《从茶业上认识我们祖国的伟大》《介绍巴基斯坦的茶区》《从摩洛哥人民的斗争说到北非的绿茶市场》《把茶叶推销到新中国的每一个角落》等文章。就这样，陈椽创办的《中国茶讯》成为国内第一个茶业刊物，也成了历史最悠久的茶业杂志。《中国茶讯》的创办，迎合了时代的潮流，不仅向国人传播科学的茶叶知识，改变国人落后的茶业认知，而且一定程度上推动了茶业科学的研究，带动兴起了科学研究的新风尚。《中国茶讯》宣扬的茶业科学观和阐述的茶业科学方法，为中国的茶业科学研究进一步注入活力。

思政微课《陈椽》

第二节　壶艺泰斗顾景舟

> 顾景舟，当代陶艺家中最有成就的一位，他的作品工艺精湛，气质高雅，形式多样，将"工"和"艺"两者的结合做到了极致。他把紫砂工艺提到了一个新的高度，所享的声誉可媲美明代的时大彬，世称"一代宗师""壶艺泰斗"。绘画大家亚明评价说："紫砂始于明正德，至今五百年，高手不过十余人。顾兄景舟当为近代大师。顾壶可见华夏之哲学精神、文学气息、绘画神韵。""顾景舟"这个名字已经成为一个符号，代表当代紫砂艺术的最高峰。

一、走近顾景舟

顾景舟（1915—1996），出身宜兴上袁村一个传壶人家，据传言，顾景舟的出生伴着深秋的风和雨，或许冥冥之中注定了他与众不同的人生轨迹。出生伊始，父亲顾炳荣给他取名为"锦洲"，后又名"景洲"33岁时，他自改名为"景舟"，意为竞舟于艺术的海洋。顾老书法提名"景洲"和"景舟"见图3-8。

图3-8　顾老书法提名"景洲"和"景舟"

（一）师古师心，臻于至善：壶宗

顾景舟性格寡言少语，喜好读书，他6岁入东坡学堂求学，少时即已展露出不同寻常的天资和禀赋，诵读唐诗宋词能过目不忘。而他做壶的功夫深得家庭技艺的传承，这手艺并非源于父母，而是奶奶。顾景舟的祖母邵氏为清代制壶名手邵友兰的孙女，擅制水平壶，颇有大家遗风。顾景舟每天耳濡目染，浸润在祖母搓泥条、打泥片的声响中，又在几位客师的教诲下快速成长。少年时期，顾景舟做的壶即已小有名气，一把壶价值"五斗米"。老茶客们往往以为"顾景舟"只是某个名匠的化名，而非一个孩子。顾氏之壶极度完美，无论我们从哪个角度欣赏，几乎找不出任何瑕疵和缺陷，流动的线条与和谐的比例近乎天成。而对完美的苛求在顾景舟少年时便可见一斑。丁蜀镇坊间流传着"顾景舟掼壶"的故事：一日，顾景舟在茶楼中见到一群老茶客在点评他的《洋桶壶》，其中一位茶客将壶的几处不足说得头头是道。顾景舟面红耳赤，他意识到自己的作品并不完美。少年人容易冲动，他遂上前一把夺过壶，摔得粉碎。众人正要斥责这鲁莽少年时，却听顾景舟说："我就是顾景舟，明天这个时辰，我拿一把新的壶给你。"第二天，顾景舟果然拿来了一把新出窑的洋桶壶（图3-9）。新壶的完美让人难以挑剔。"不完美"对于顾景舟是难以容忍的，这是贯穿他一生的态度。

图3-9　顾景舟制《洋桶壶》（1934年）

青年的游艺时期是顾景舟艺术水平急速增长的阶段。1939年，应上海古董商朗玉书的邀请，顾景舟离开家乡来到繁华的上海滩，制作仿古壶。面对陈鸣远、邵大亨、惠孟臣、黄玉麟、邵友廷等名手之作，顾景舟有种不服输的心理，他要超越古人，从反复摸索先师的遗作开始，到仿制出一件精、气、神俱佳的作品，这不啻是一场和古代名匠的对话和角力。

顾景舟当时所仿清陈鸣远款的龙凤把嘴壶和竹笋小盂因技艺高超，竟被作为陈鸣远的传器为故宫博物院及南京博物院所收藏，直到几十年后他为故宫博物院及南京博物院紫砂藏品作鉴定时才发现原来是自己的作品。

顾景舟在沪期间，常常与文人雅士交往，海派名家吴湖帆、江寒汀、来楚生、王仁辅、唐云都是他的好友，可谓"谈笑有鸿儒"。与文人的长期交流，让顾景舟的艺术气质中增添了一份"文雅"与"贤达"。

顾景舟在40年后，与上海友人章以谦先生回忆自己与吴湖帆等沪上名家会面的情境，曾说过这样一番话："当时，我十分自信，我的紫砂壶，就是艺术品，在四十年代，我的一把紫砂壶，可以和齐白石老人换一方印章，也可与当时的书画名家，如吴湖帆、江寒汀、唐云等交换画作。这表明，我的紫砂壶与他们的书画作品一样，具有同等品位的艺术价值。"

1948年，顾景舟精心制作了五把石瓢壶，由吴湖帆各题诗句，分别由吴湖帆、江寒汀等绘制画竹、梅图案，除自己收藏一把外，其他慨赠吴湖帆、戴相明、江寒汀、唐云。这五把壶陶、书、画、刻珠联璧合，可称文人气息浓郁的杰作，而顾景舟之"舟"字款也自此五把始用，这段故事被传为佳话，而这五件作品也成为现代紫砂艺术的瑰宝。根据雅昌艺术网AMMA数据显示，2010年嘉德春拍，《相明石瓢壶》以1232万元创出紫砂壶拍卖世界纪录；2013年保利春拍，《寒汀石瓢》又拍出1495万元，刷新了单把紫砂壶的最高纪录；2015年，《湖帆大石瓢》（图3-10）更是在北京东正春季拍卖上创造了2817.5万元的成交价。

关于文人跟紫砂的关系，顾景舟曾用宜兴农家菜"萝卜煨肉"来形容。"萝卜须在肉锅里煮烂，才能释放出它的无比鲜美；如果用清水煮萝卜，必然寡淡无味。文人与紫砂，到底谁是萝卜，谁是肉？那就要看文人的分量与品位如何，不排除一些艺界混客，在紫砂壶上附庸风雅。"顾景舟和朋友说过，70岁前，若是书画界高手在他的壶上题书作画，他还能接受；70岁后，就不希望自己的壶上再有别人的任何东西了："花花草草的东西，看见了就心烦。"

顾景舟在艺术生涯的中后期确立了以"素器"为主的创作理念，"素器不藏拙，任何瑕疵在光素器面前都会显露。"他仅以几何线条入壶，体现了"大巧不工"的道家哲学。他善于观察自然风物与古代器物，开创出众多新的壶型，成为当世之经典。通过观摩宜兴的小桥流水，顾景舟创作出《上新桥》；通过观察初冬新雪，创作出《雪华壶》；他一改曼生石瓢和子冶石瓢的传统形制，创作出线条更加柔和优美的石瓢壶，被后人称之为《景舟石瓢》；他通过模仿元代景德镇青白釉瓷器的造型，创作出紫砂《僧帽壶》。他与高庄教授合作，根据古代玉璧的造型创作《玉璧提梁》，为了确立这把壶的最终造型，顾景舟屡次修改，历时27年；他守在妻子的病榻前，把悲痛为力量，取鹧鸪泣血之意，创作出《鹧鸪提梁》（图3-11）……"师古人"与"师造化"不断交替演进，顾景舟所制之器脱俗朴雅，散发浓郁的东方特色，开一代新风。

图3-10　顾景舟制《湖帆大石瓢》
（吴湖帆书画）（1948年）

到了晚年，顾景舟已经臻于"师心源"的高境界，这得益于一生手不释卷的习惯，也是文人"内养"的过程，培养出了深厚的文化底蕴。顾老常年挑灯夜读，蚊帐被煤油灯熏得发黑发黄，现在人们能够在丁蜀镇的顾景舟故居里瞻仰那具蚊帐。宜兴陶瓷行业协会会长史俊棠评价说："顾景舟对紫砂艺术的贡献要超过其他人，这在于他不是一个单纯的工匠，他的知识面非常广，有国学的底子，懂中国的诗词、绘画、文学，对紫砂艺术的技能可以说最全面，会做、会设计各种器型的紫砂壶，会绘画、会陶刻，这是其他老艺人很难比拟的。"宜兴市作家协会主席徐风说："顾景舟骨子里是个文化人，是艺人和匠人

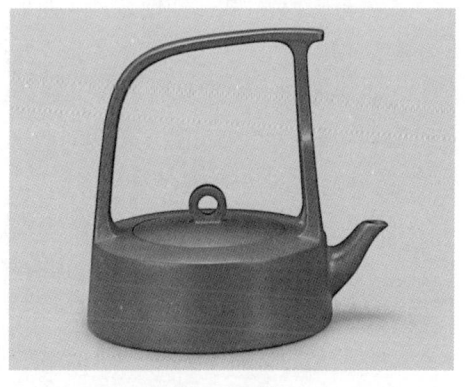

图3-11　顾景舟制《鹧鸪提梁》（1984年）

的结合体,是士子与艺人的结合体,因此他站得比别人高,他能登高一呼,起到领军人物的作用。"

(二)没有规矩,不成方圆:严师

中华人民共和国成立后,宜兴当地为了恢复紫砂陶业生产,成立了汤渡陶业合作社,即后来的宜兴紫砂工艺厂。任淦庭、裴石民、王寅春、吴云根、朱可心、顾景舟、蒋蓉七位老艺人被聘请为厂里的技术指导,开班授徒,为紫砂界后来的繁荣培养了大批人才。顾景舟课徒极其严格,用现代话说,他是一位"魔鬼教练"。顾老的每一位弟子回忆起学徒时期,无一人没有挨过顾老的责骂,被骂得最多的一句便是"没有规矩,不成方圆"。顾景舟刻意锤炼年轻人的基本功,让他们做到扎实、深入、不浮华,从做工具、捶泥开始,苦练过硬本领。顾景舟说:"不会做工具,就不会做壶。"别的班的学徒已经开始学做壶了,顾景舟的弟子们还在学做工具。有时候,做一把壶甚至需要上百种工具,倘若要做另一把壶,就需要重做工具,因为壶不同,工具也需对应,丝毫不能马虎。个别偷懒敷衍的徒弟被顾景舟发现了,少不了一顿训斥。

紫砂名家葛陶中回忆说:"顾老要我捶泥,一团泥整整捶了三天,为什么要这样?就是要锻炼正确的姿势和用力方向,用韧劲而不是用蛮力,识别挤掉空气的熟泥的成色,从而掌握从生泥到熟泥的全部要领。"捶完了泥,接下来的打身筒也有标准。中国工艺美术大师李昌鸿回忆道:"他要求转几圈必定要几圈,多一圈都不行。有一次我背对着他打身筒,他从我拍打的声音就判断出多了还是少了,便喊:'昌鸿,你多敲了几下了!'"此举常常把徒弟们吓出一身冷汗。

江苏省工艺美术大师张红华回忆道:"看一个人的壶做得怎样,顾老只要看他的坐姿,看他拎木搭子的手势,听他打泥条的声音、工具的摆放就能知道。他对工具的摆放有明确要求,看到不合适的工具,例如扎得不好的水笔帚,削得粗糙的竹拍子,拿起来就往窗外扔。"那时候,紫砂厂的徒弟们私下里流传着一句话:"顾辅导从来不说好,朱辅导从来不说坏。"意思是说相比较于朱可心老人慈祥的态度,赏识性的教学方式,顾景舟则恰恰相反。自以为做得不错的壶,拿到顾景舟面前,他立即能指出十几个缺点,往往让弟子心理"很受伤"。

顾景舟曾说:"我深知做壶艺人的艰难,因此对弟子严格要求。"这一番苦心全是为了弟子们好,恰恰是他的严厉,造就了一大批出色的弟子,现在多为国家级、省级工艺美术大师、工艺美术名人。顾景舟不仅课徒严,收徒更严,连自己的妻子徐义宝想学做壶都被拒绝。其侄子顾幼之回忆道:"伯父对收徒的要求非常苛刻,到了几乎不近亲情的地步,我们顾家亲人中,没有一个是他认可的徒弟。我得到过伯父的残酷训练,但他不承认我是他的徒弟。他认为,做他的徒弟,必须做壶要达到一定的标准,没有达到收徒的标准,他可以教你,但再亲的亲人也不能算徒弟。那时自己年轻,不懂得勤学苦练,现在想想,伯父对收徒严格要求,这是他爱护自己的声誉。"

顾景舟通过无数次实践,总结出一套可量化的工艺细节,一种壶型的尺寸比例该是多少;每一根线条怎么走,角度怎么设置,泥料的干湿度要如何控制;工具怎么做、怎么用,如何摆放；捶泥用几分的力气，一分钟打4块泥片，一块泥片打12下，多一下不行，少一下也不行。他甚至还阅读、钻研过与硅盐有关的书籍，研究化学成分和分子式。在制壶实践中，他对选矿、原料制备、技艺加工、烧成等每个环节都有深入地研究。顾景舟建立了一整套完善的、标准化的手工艺流程和制作规范，这些是历代壶家所没有尝试过的，他让古老的技艺可以通过科学的方法传承和学习。

（三）走出内地，展现魅力：觉者

20世纪70年代，我国内地的经济欠发达，市场更没有艺术品消费的概念。紫砂仅仅是个喝茶的壶，卖个泥料钱，紫砂艺人的劳动力很廉价。年逾六十的顾景舟一直在为紫砂的发展寻求新的道路，四处奔走。港台地区盛行茶事，也有很多藏家，对紫砂壶有着需求，但由于当时的国情，紫砂还出不去。顾景舟多次找到时任国家外贸部广州陶瓷出口部经理刘培金，力争把紫砂推出国门。据宜兴紫砂厂的企业档案记载，1979年10月29日，港商罗桂祥首次到宜兴丁蜀镇访问，订购了一批紫砂壶，成为改革开放后最早一批外销紫砂器，这批高档紫砂工艺壶订单，共计23个品种，565件套。为了完成这批订单，在顾景舟的支持和参与下，紫砂厂专门建立"紫砂特艺班"（图3-12），由顾景舟挂帅，按罗桂祥的供样，复制历史名作，并挑选高级工艺师每周为特艺班学员上课。"紫砂特艺班"奠定了紫砂技术水平跃上新台阶的基础。

1981年，香港第六届亚洲艺术节上"紫砂特艺班"的这批作品大展紫砂陶艺魅力。同时，顾景舟在港为罗桂祥收藏的200件藏品做公开鉴定，并开办陶艺讲座。顾景舟的博学多才，对历代作品的分析，给当时在场的多国学者和鉴赏家留下深刻的印象。其后，顾景舟又分别于1985年、1989年访问香港并参加展览，让越来越多的人认识到紫砂的文化。1993年，顾景舟以79岁的高龄率团访问台湾地区，"顾景舟师生作品展"在台湾地区受到空前欢迎。顾景舟在台期间，广泛接触各界，为诸多收藏人士鉴定壶品。在顾景舟及其同仁们的促进下，大量的港台和海外订单涌入宜兴，紫砂开始逐步升温，港澳台旺盛的需求在一定程度上刺激了宜兴紫砂的产量增长和品质提升，对日后紫砂市场的繁荣起了不可替代的作用。

图3-12　顾景舟和"紫砂特艺班"弟子合影

（四）贫贱不移，威武不屈：丈夫

顾景舟是手艺人，也是文人，他有着文人的傲骨与气节，一身正气。几乎所有的朋友都说顾景舟是个心气很高的人，并非说他不近人情，而是对操守的坚持。顾老追求纯粹的艺术，不染尘俗（图3-13）。他生活勤俭，洁身自好，不事权贵。当年有一位书画家，想以自己的一幅画换顾老的一把壶。其画跋题字中"以画换壶"之词，让顾老心中不悦。他的壶可以送知心朋友，但不作交易。之后的两年里，对方托人频频来催，顾景舟置之不理，"以画换壶？他一幅画，连我一个壶嘴也换不到呢！他知道我做一把壶要花多少工夫吗？"

图3-13　顾景舟日常工作照

但顾景舟并不是一个狂傲偏执的老爷子，他对亲友都充满了爱和感情，他的情感是丰富的，爱徒高海庚骤逝，他伤心地大哭，爱妻徐义宝离世，他心痛欲绝。对于不相识的老人，他也充满了体恤，他唯一一次违心，竟是一次对人性的妥协。根据潘持平大师的回忆，顾景舟一生鉴定过13把供春壶，每个藏家都说是供春真迹，只因壶盖损坏，由黄玉麟配盖。其实那13把壶，均出自黄玉麟之手。顾景舟对12位藏家都说了真话，唯独对上海松江徐姓老人说了违心话。顾老这样的人，威逼和利诱让他说假话都不可能。但在保护他人面前，顾景舟不惜牺牲了自己重视一生的荣誉。他见老人身体羸弱，由子孙搀扶，专程从上海赶来宜兴，一副贫病交加的模样，很是担心。"将祖传之物出手，必是急等钱用。我怕闯大祸，故违心说是真的。"

1996年初夏，顾老走到了生命的尽头，在弥留之际，他心中还念念不忘当年之事。"那把供春壶不是真的，要翻过来。"顾景舟大师离开我们近30年了，然而其艺术造诣和人品依旧像一盏明灯，为当代紫砂艺术家指明了道路。顾景舟用一生来实践真理，他为紫砂艺术写下了新篇章，被后人誉为当代的时大彬、陈鸣远，"一代壶宗"乃实至名归。

二、紫砂产业发展

江苏宜兴紫砂壶从明代朱元璋提倡喝散茶后诞生，起初仅作为泡茶的工具，直到明代中后期才开始进入文人士大夫的生活，从董其昌、陈继儒等文人开始，紫砂壶逐渐走进文人的艺术创作活动。到了清代,文人更直接参与紫砂壶的制作过程中,许多书画家与紫砂壶作者一起研究造型与装饰等艺术手法,从而把紫砂壶创作推向了紫砂文化的层面。过去的40年,紫砂文化得到了大发展、大繁荣,其已成为一种文化产业,甚至已发展到艺术、金融领域。近几年,紫砂市场几乎一直在透支紫砂工艺与艺术本身的积累。

(一)紫砂文化产业呈几何级数增长

当代紫砂文化与紫砂收藏热,上溯到20世纪70年代末、80年代初的台湾地区。当时宜兴从事紫砂壶制作的工匠仅有500人左右,产品一度供不应求。而那时的紫砂壶基本上是通过香港转口至台湾的,香港作为紫砂壶销售台湾和东南亚市场的中转站,也为当地的紫砂壶市场的繁荣起到了近水楼台的优势。20世纪90年代,紫砂壶的价位节节高升。1994年5月6日,顾景舟的一把紫砂壶作品在宜兴陶瓷公司进出口部被香港藏家以74万港元(按当时的汇率,约合100万元)竞价买走,创造了顾景舟紫砂壶在市场上的第一次天价。从此,宜兴紫砂工艺厂工艺师的作品价格开始逐年上升。

进入21世纪后,紫砂壶从业者呈几何级数增加。由于紫砂壶的制作可以一个人独自完成,越来越多的紫砂创作者开始意识到,工厂化集体劳作并不是紫砂艺术创作的最好形式。自古以来,以家庭为单位的制作更适合于紫砂壶的创作,于是,宜兴紫砂工艺厂进入了破产前的改制,以全新的紫砂艺术工作室取代了先前的工厂化生产模式,从而解放了生产力和创造力,紫砂壶市场上开始出现许多崭新的款式、风格,进一步推动了紫砂文化的发展。从2000年开始,我国香港、台北、北京等地的大型艺术品拍卖会上先后出现当代紫砂壶。2008年,中国嘉德拍卖开启了紫砂壶的第一个专场拍卖,进一步聚集和调高了当代高端紫砂壶的收藏投资人气,自从2010年顾景舟的第一个过千万元的紫砂壶出现,到2015年一套紫砂壶(图3-14)以8960万元落槌(加上佣金近亿元),点燃了紫砂壶市场的广大爱好者、特别是机构投资者的收藏热情。以顾景舟为例,他的紫砂作品从几百元到上百万元用了近10年时间,从100万元到1000万元又用了10年,从1000万元到近亿元同样用了近10年时间,10年一个台阶,带动了整个宜兴紫砂行业的大发展。

(二)紫砂市场在寻找理性方向

从二级市场来看,紫砂高端艺术作品的拍卖行情已成为紫砂艺术市场的晴雨表,深刻地

图3-14　顾景舟制《松鼠葡萄十头套组茶具》(拍卖日期: 2015-11-19)

影响着紫砂行业的传承与发展。2008年开始的紫砂壶大型专场拍卖会创造了紫砂壶价格的辉煌起点。2012年，紫砂壶价格出现分化，再到2016年出现断崖式下滑，在价值投资领域，紫砂壶似乎走到了一个三岔路口：市场在选择方向，从业者在迷茫，收藏者在犹疑。

2016年秋拍季，连续几届在宜兴紫砂宾馆举行的拍卖会超过了北京、香港和台湾的规模。例如宜兴和信公司举办的紫砂艺术品拍卖会，顾景舟的4件标的物分别以5175万元、1840万元、1725万元和1495万元（含佣金）的天价成交。虽然仍有两件作品流拍，但丝毫不影响顾景舟当代紫砂行业领军人物的地位，4件作品的高价成交给紫砂收藏圈带来了不小的影响。紫砂壶拍卖市场经过近十几年的发展，以顾景舟为代表的当代紫砂艺术品引领了市场的爆发式增长。但需要看到的是，近两年市场出现了换档调整的要求，2016年紫砂市场分化严重，拍卖价格喜忧参半。对此，我们就2016年秋拍的数据加以分析求证，也可从另外两个市场（传统实体市场和新兴网络市场）中寻找答案。

在2016年秋拍中，一方面，受宏观经济的影响，紫砂市场依然处于深度调整状态。以顾景舟为例，从翰海、嘉德、保利、匡时、东正、巨力等拍卖公司秋拍结果看，他的作品都未有超过千万元成交，成交价基本在100万元到550万元，有的更是下降到几十万元。2015年曾创造过8000万元落槌纪录的顾景舟"大梅花壶"的东正拍卖，2016年的拍卖成交率较低，没有可圈可点的好作品上拍，嘉德更是没有上拍顾景舟紫砂壶，这与宜兴本地的大量上拍形成鲜明对比。另一方面，紫砂艺术品的市场化步伐加快，紫砂板块洗牌加剧。引领宜兴紫砂艺术市场当代高工大师的作品价格直线下降，相反，一些实力派紫砂艺术作品受国内大腕藏家追捧。从2016年的几场秋拍结果来看，一些紫砂明星的作品出尽风头，作品价格直线上升，甚至超过了大部分当代大师。可以看到，这些作品在引领当今审美时尚上做了一些功课，与过去浮华风格有了强烈的改变，让收藏者、投资者、创作者都有了信心和动力。

从实体经济角度来说，会展经济也是促进紫砂市场发展的因素之一。紫砂会展经济越来越强大；据不完全统计，全国每年举办的各类茶叶茶具展销会、博览会多达100场，紫砂文化消费市场已从专业市场变为大众市场，而此类消费主要以紫砂工艺陈设艺术的中端创意产品为主，原来以日用消费品的低端紫砂壶渐受冷落。从网络市场看，在"互联网+"成为趋势的背景下，艺术品电商迅速崛起，对紫砂市场也产生了深远影响。据统计，2016年低端紫砂壶网络年成交额达30亿元，仅2016年11月11日当天，宜兴紫砂壶网络成交量就接近2亿元，网络销售给实体店铺带来了巨大冲击。网络销售节省了实体店高昂的租赁成本，但由于紫砂艺术需要亲眼看到、亲手揣摩才能全面理解，因此网络成交的紫砂壶多为价格在千元以内、工艺性较低的紫砂日用壶，真正高端的艺术类紫砂壶还是需要信誉优良的传统实体店铺或经纪公司来经营，高端紫砂壶网络成交几乎为零。紫砂壶网络电商才需要用更长的时间来建立信誉，也需要花更多的力气来确立品牌。

（三）宜兴紫砂品牌建构路径

宜兴文化底蕴深厚，以紫砂壶享誉世界。紫砂的生产主要集中在宜兴丁蜀镇一带。据《江苏省实业视察报告书》及江苏省长公署的调查显示，1919年宜兴地区有窑炉40余座，工人近6000人，出现家家制坯、户户搋泥的盛况。民国二年（1913），紫砂壶生产已经具有了专业的分工，生产、销售各有专人负责，形成了初步的企业发展模式。中华人民共和国成立后，紫砂产业恢复生产。1950年，宜兴紫砂产销联合营业处成立。1955年10月，政府组织成立蜀山紫砂工艺社。1958年10月，蜀山紫砂工艺社改为国营陶瓷厂，更名为江苏省宜兴紫砂工艺厂（老一厂）。至此，紫砂进入了为期30多年的集体发展时代。1982年，周墅紫砂厂成立，三年后易名为宜兴紫砂工艺二厂，成为镇办集体企业。之后，丁蜀陆续建设了宜兴紫砂工艺三厂、四厂和五厂。1988年，宜兴陶瓷工业公司建立了进出口部，负责国际市场的所有生产、销售、管理工作，初步形成了较为完整的自营出口机制和网络体系。1990年后，宜兴紫砂的发展进入鼎盛期，内销与外销共同发力，国内外出现了紫砂壶收藏热。这一时期也是紫砂远销海外创建品牌的关键时期。随着国家企业改革的深化，紫砂行业的生产经营模式也不断发生改变，如宜兴紫砂工艺厂并入宜兴精陶集团，更名为宜兴方圆紫砂工艺有限公司，宜兴紫砂工艺二厂更名为江苏省宜兴紫砂工艺二厂有限公司。此外，还涌现了百余家股份制和民营紫砂企业，千余家私人个体作坊。宜兴紫砂迈入了多元化发展的阶段，出现了百花齐放的局面。至2019年，宜兴紫砂形成了以丁蜀镇为中心向以潢边、定溪、双桥、洋渚为主的周边农村辐射的区域发展模式。据统计，宜兴共有任墅村紫砂雕塑专业村1个，紫砂专业合作社43个，紫砂企业400余家，工作室1.2万个，从业人员约3.6万人，产业配套人员约10万人。

1. 宜兴紫砂品牌建构历程

（1）发展初期的个人品牌　品牌是一种名称、术语、标记、设计和符号，用以识别某个产品和服务，并使之与竞争产品和服务区分开来。紫砂壶通常是通过铭款与钤印来区别的，因此这也成为判断真伪的重要标志。在紫砂壶的品牌建设初期，个人品牌是主体，通过铭款与钤印来相互区别或辨别真伪，作为主要消费群体的文人士大夫阶层是紫砂壶的"代言人"。

（2）商业化发展模式下的商号名店　商号名店的品牌模式是紫砂壶在个人品牌基础上的进一步发展，得益于经济的繁荣及不断扩大市场，前店后坊的经营模式提高了生产效率，可满足快速增长的市场需求。紫砂壶企业化发展的初级阶段，在这个时期，紫砂产品的消费群体从文人士大夫阶层向社会各阶层延伸，品牌宣传模式也从文人士大夫阶层"代言"的被动模式，转向以商号名店为主体对外宣传的主动模式。

（3）集体化时期的企业商标　1966年，宜兴紫砂工艺社在其紫砂器底部盖"中国宜兴"的印章，以此作为品牌标识，鲜有盖作者名款的情况。这是"中国宜兴"紫砂正式成为品牌进入国内外市场的标志。以制作者名字、商号店名为紫砂品牌名称的形式被商标所替代。紫砂壶以国有工厂为生产主体，制作者个人品牌被弱化，建立在个人名誉之上的品牌以师承关系的方式存续。紫砂业在集体化发展模式下，个人品牌与商号名店被企业商标替代，紫砂产业更是凝聚了从个人到企业再到国家层面的力量，成功树立起宜兴紫砂品牌形象。

（4）区域品牌下的多元化发展　2005年，宜兴紫砂制作技艺被列入文化部公布的第一批非物质文化遗产名录，体现了国家对于宜兴紫砂器价值的肯定。区域品牌不但拥有较高的美誉度和广泛的知名度，且极具商业价值，不仅有助于产业集群整体竞争力的提高，还能促进集群内企业品牌和个人品牌的发展，加快集群产业结构升级。为了更好地发展宜兴紫砂，紫砂艺人开启了差异化发展的道路。理念相同的紫砂艺人聚集在一起组建起紫砂团体，融合了不同的陶艺流派和陶艺风格，共同参加活动、创作交流。许多大师建立了个人博物馆，展示推广自己产品。

2. 宜兴紫砂品牌建构分析

宜兴陶瓷包括均陶、紫砂、美彩陶、精陶和青瓷五个品类，主要涉及艺术陶瓷、日用陶瓷、建筑（卫生）陶瓷、工业陶瓷等企业类型。现下陶瓷工业匀速发展，形成了成熟的产业集群。紫砂壶如何成为区域品牌的代表呢？政府的宏观调控、行业协会的桥梁作用、紫砂文化的传承与发展、积极有效地宣传推广等都起到了重要的推动作用。

（1）管理机构的权威性

①政府：宜兴市政府在宜兴紫砂的品牌建构上发挥了极其重要的作用。第一是强大的组织功能，在紫砂业发展的不同历史阶段，宜兴市政府都发挥着强有力的组织作用。第二是发挥宏观调控作用，《无锡市宜兴紫砂保护条例》将宜兴紫砂品牌建设的工作提升到了政府品牌发展规划的战略层面。第三是发挥公信力作用，维护紫砂名誉、推进紫砂行业繁荣有序发展上发挥着积极的作用。

②行业协会：2010年，宜兴紫砂行业遭遇信誉危机，陶瓷行业协会积极配合政府制定了《宜兴紫砂技艺人员自律公约》，配合职能部门检查监督和整改相关问题，维护行业发展和紫砂品牌信誉。

（2）传承的接续性　宜兴紫砂传承了600余年，其核心要素包括地域特色的原材料、优渥的文化土壤、发达的地方经济、持续的师徒传承等。紫砂行业尤为重视师承，可以看到从明代制壶师到近代陶艺名家再到现代陶艺家的完整传承谱系。从文献记载及行业调研来看，紫砂品牌标识经历了指纹、作者姓名、商号名店、企业化品牌的发展历程，归纳文献资料后发现，文献中关于地名、师承关系、材质特性等标记最多。可见，接续的传承是宜兴紫砂品牌建构的关键。

（3）健康完善的区域业态　近年来，与全国其他地区从业者大量流失的情况不同，宜兴紫砂行业展现出强劲的区域凝聚力，年轻人到宜兴从业、创业的情况日渐增多。许多年轻人在宜兴工作两到三年后就在此安家，成为紫砂行业传承、创新的中坚力量，这说明宜兴的区域凝聚力在持续上升。区域内有良好的行业生态，消费群体相对稳定且在不断扩大中；行业内有完善的职称评定机制与规模化的行业技能比赛；宜兴丁蜀地区文化包容性较强，且善于将新事物融入自身文化中，这种兼收并蓄的文化成为推动宜兴紫砂品牌持续精进的巨大动力。

（4）文化与教育给予源源不断的动力　20世纪初至今，文化教育与技能培训在紫砂界从未间断，覆盖了中小学生、中青年艺人及老艺人等广大群体。宜兴紫砂业持续推行文化教育与技能培训，还组建了科研机构及学术团体等助力紫砂行业人才培养，成就了许多技艺大师，健全了宜兴紫砂行业的传承梯队。2018年底，研究员级别的高级工艺美术师137人、中国工艺美术大师12人、中国陶瓷艺术大师12人、省工艺美术大师54人、省陶瓷艺术大师27人。大师品牌效应有效地提升了宜兴紫砂品牌社会影响力，维护和健全了师徒传承机制。

（5）品牌文化与宣传

①主要的宣传推广方式：宜兴紫砂在品牌建设与宣传上主要有著书立说、举办展览、召开研讨会、技艺展演、珍品拍卖、媒体推广等方式。紫砂行业的网络化趋势日益明显，拓宽了紫砂艺术的收藏渠道，销售对象由小众化转向大众化，消费群体迅速扩大。紫砂艺人在

App平台上，吸引了大量粉丝，使其成为传承与发展紫砂文化的新途径。

②个体品牌、团体品牌与区域品牌：在以互联网为全新推广阵地的宣传推广模式下，新的品牌建构及宣传方式不断涌现。建立了许多大师工作室、大师博物馆、线上推广平台。紫砂艺人根据品牌的发展理念积极自发成立艺人团体，实施差异化发展。宜兴紫砂形成了"个体品牌—团体品牌—区域品牌"阶梯式渐进的发展格局，体现出紫砂新生代传承人在新时代中的崛起。

三、百年景舟紫砂技艺

顾景舟一生中为紫砂的发展、存续、转型、复兴做了大量工作，付出无数心血，在许多关键时刻起到力挽狂澜的作用。他的为人、为事，成就了他在紫砂转型历程中不可或缺的地位。

（一）成材之因

顾景舟同时代的紫砂大师很多，他能脱颖而出、为紫砂行业作出更大贡献的原因，可以从他儿时所受的教育，以及年轻时的际遇中找到端倪。他在孩童时期受到了完整而丰富的中国传统文化培育，年轻时又有机会在上海接触到丰富的传世紫砂精品，完成了精神积淀和技艺锻炼两个方面的成长。紫砂壶在整个发展历程当中，与文人的关系一直极为密切。文人用壶爱壶，是紫砂壶的使用者、支持者、委托者、改造者，文人的品位和喜好，对紫砂壶的体量、器型、装饰等各方面都产生了至关重要的影响。紫砂壶之所以从日用品中脱颖而出，是因为其与其他陶瓷制品的文化身份地位有所差异，也与其中蕴含的文人精神有着很大的关系。

顾景舟的文化修养和文人气质，是使他与其他紫砂手工艺人区分开来的重要因素。顾景舟6岁时被送到当地的东坡书院（图3-15）读书，东坡书院教授的内容十分丰富，除四书五经等之外，还有外文、数学、体育、音乐等，甚至还有京剧等传统文化的熏陶。在这种环境下，勤奋好学的顾景舟打下了一定的文化基础，更重要的是养成了读书，凡事有所探究的习惯。对古文的喜爱，使他在小学堂毕业之后，继续跟随校长吕梅笙又读了三年，获得了传统文化的深厚滋养。这种追求伴随了他的一生，也是成就他的重要因素之一。这种文人气质，

图3-15　顾景舟幼年读书的宜兴东坡书院

从他最初做壶时即显现出来，贯穿于整个紫砂生涯之中。

顾景舟的家乡制紫砂壶气氛浓厚，村庄里家家户户除了以耕作为生，大多做壶贴补家用。顾氏家族祖上五代曾做京官，至顾景舟出生时家境也尚可，但祖父去世很早，父亲为独子，娇惯之下并不持家，后期家道逐渐衰落了。1932年，顾景舟开始在家跟随祖母学习制壶，虽说父母均可制壶，但水平参差不齐。家人见他进步很快，就请紫砂艺人储名来家教他。入门之后，顾景舟便开始观察左邻右舍，择自己欣赏的暗中学习。

学徒期间，他给自己刻了几方印章，使用的是给自己的小书斋起的名字"墨缘斋"，与其他工匠多在壶上使用自己名字为印的做法相比，已可看出顾景舟所受的文化熏陶。在家学壶两年多，顾景舟已小有名气。1934年，上海的紫砂交易兴盛，许多商店到宜兴买坯回去再次装饰或加款。宜兴的紫砂人才密集，许多商人来此寻找做壶的能手。

内因外因作用之下，顾景舟1936年应郎玉书的邀请离开家乡，前往上海郎氏艺苑店工作，专事仿古，月薪60块大洋。这段经历在他的人生中可谓非常重要。首先，身处与家乡宁静村舍迥然相异的大都市，生活环境完全不同，得以大开眼界；其次，身处众多紫砂高手之中，相互讨论交流、切磋竞争，技艺有所增进；另外，郎氏艺苑从事古董生意，在此见到许多传世紫砂精品，得以仔细观察揣摩。顾景舟的好学和悟性曾让他在学壶两年之内崭露头角，在如此得益的艺术环境中，所取得的进步自然令人惊叹。同时，雇主要求他尽全力仿制经典，对制作手法和造型能力是极大的考验，一再锻炼之下，他的技艺水平、审美能力、艺术素养都有飞跃性的提高。这段时间虽然不长，到日军占领上海租界时就被迫中止，但经过这一阶段，内在的文化修养和外在的工艺技巧在顾景舟身上融合为一，"壶艺泰斗"打下了自身基础。

（二）科研与成果

紫砂是一种陶土材料的名称，紫砂工艺作为传统工艺美术的一种，若要继承与发扬，必须有完整的艺术理论支撑。但在现实情况中，当地从事紫砂行业的几乎全部为土生土长的村民和手艺人，他们埋头做壶，几乎没有人具备进行理论研究的条件。得益于儿时所受的教育，顾景舟意识到紫砂若想进一步发展，必须对工艺展开研究，积累并整理前人的经验，对文献和实物都要尽力收集、留存和进行分析。在这些方面，取得了相当丰硕的成果。

紫砂与其他陶瓷工艺的分工从业方式有所不同，紫砂艺人往往需要以一己之力完成作品的制作，对矿区、选料、制料、成型、加工、烧成各个环节都要有所了解乃至掌握，最终才能成就一把出色的壶。传统的制壶好手会对各矿区的泥料性质、制作时的手感、烧成后的效果了如指掌。从现代化学工业的角度来看，这些还不只是"现象"。顾景舟对紫砂土的原料分析，是从硅酸盐的成分、元素周期表中去进一步深入研究，这是传统紫砂艺人不曾了解，也想不到的。随着眼界的开阔，他所涉猎的不仅限于传统文化，也包括国内外有关美学、造型、图案等内容的著作，与紫砂行业相关的陶瓷工艺方面更是仔细钻研。他吸收大量的现代知识，用于进一步了解紫砂，也用于推动传统工艺的发展。他在材料和工艺探索上面取得的成就，后来成为陶瓷工厂、化工陶瓷车间想要聘请他的理由，无奈因身体原因没有就职。

宜兴成为紫砂之乡，一方面是由于得天独厚的矿藏，历史悠久的制陶经验；另一方面，江南地区深厚的人文积淀也是紫砂艺术兴起于此的重要因素。宜兴古名"荆邑""阳羡"，有关紫砂壶的第一篇著述《阳羡茗壶系》，便记录了宜兴地区紫砂壶的情况。它成书于明末，崇祯十三年（1640）前后，记录了紫砂泥料产地，还记录了31位紫砂民间艺人的制壶技艺及作品。自此之后，无论是民间杂记还是县志等官方记录中，都包含了与紫砂相关的信息及资料。无奈从事紫砂行业的手艺人中，并没有人对这些文献产生兴趣。顾景舟针对紫砂古籍资料开展收集、整理等工作。直至58岁时还手抄了《阳羡名陶续录》（图3-16），留下了宝贵的典籍。他的这些行为抢救并传承了本来数量就很少的紫砂文献，对于紫砂的传承、发展来说，意义非同小可。在20世纪60年代紫砂行业的低潮时期，他遍访各地的产区和博物馆，积累了丰富的材料作为补充。

除了文献研究以外，顾景舟1975年起开始发掘研究宜兴地区的古窑址，如蠡墅村羊角山的宋代紫砂窑遗址（图3-17），经过细致的考证，留下了许多珍贵资料。文献记载由此可以与发掘出的实物进行对照研究，对紫砂工艺的创始年代等问题的考证作出了很大贡献。

通过对紫砂工艺、文献和实物三方面的研究，顾景舟围绕紫砂的历史沿革、代表人物、代表作品，以及真伪鉴定等问题取得了大量的研究成果。他曾写作论文《壶艺说》《壶的形神气》《宜兴紫砂壶艺概要》《简谈紫砂陶艺鉴赏》《壶艺的继承与创新》等总计数十万字。其中，还包括发表于1987年《砂壶》杂志上的《紫砂生产质量管理条例》，这种在紫砂产业化过程中具有指导意义的文章。晚年，在弟子李昌鸿的帮助下，顾景舟对传统紫砂器型进行了规范化的绘制，留下了一批造型图稿（图3-18），对学习紫砂的人大有帮助。1991年，76岁高龄时，他还编撰了《宜兴紫砂珍赏》一书，由香港三联书店出版。对紫砂展开严肃的学术研究，形成极具价值的科研成果，顾景舟是前无古人的开拓者。

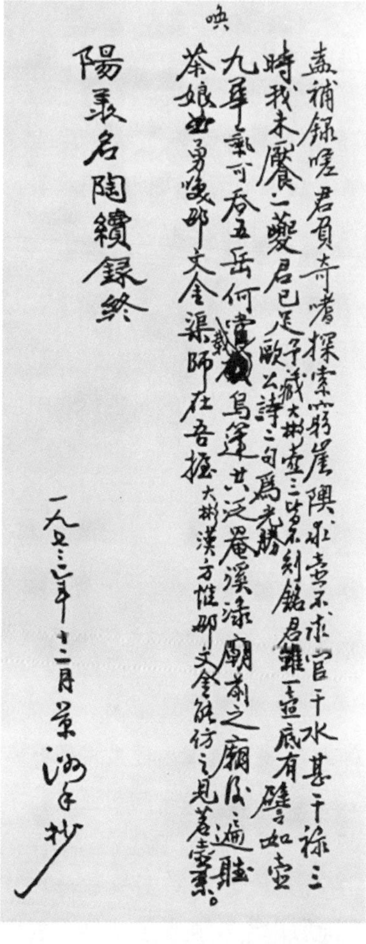

图3-16　顾景舟手抄《阳羡名陶续录》手迹

图3-17　顾景舟带领弟子考察宋代紫砂窑遗址

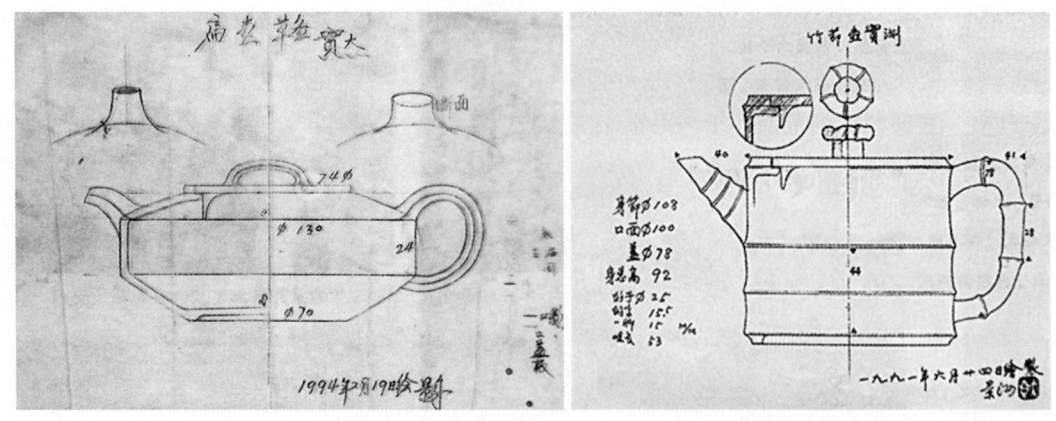

(1)《扁壶》手绘图　　　　　　　　　　　(2)《竹节壶》实测图

图3-18　顾景舟《扁壶》手绘图和《竹节壶》实测图

(三)转型与复兴

中华人民共和国成立之后,百废待兴。按理说,既有文人情怀,又有紫砂手艺的顾景舟,在生活终于能够安定下来之际,应当会全身心放在所热爱的制壶之上。然而在这一时期,他对一系列的组织构建工作投入了很大的精力,毫无保留地投入合作社、工艺社,以及后来紫砂工艺厂的健康发展之中。汤渡陶业生产合作社随着互助组和合作社的推广于1952年2月建立。1954年,顾景舟积极参与筹划组建汤渡陶业生产合作社紫砂生产工场,建成了1949年之后的第一家紫砂生产合作社。多少年来独自工作的紫砂艺人,第一次被组织起来,参加集体生产。后来,紫砂生产工厂从汤渡陶业生产合作社独立出来,成为宜兴蜀山紫砂工艺社。此时的工艺社由七位老艺人领衔,分别为任淦庭、裴石民、吴云根、王寅春、朱可心、顾景舟、蒋蓉。江苏省人民政府对他们的任命为"技术辅导"。这时的顾景舟被称作"顾指导",最初负责的是招生和技术辅导工作。工厂的布局、工艺的流程、车间的配置、工具的制作等大量组织工作都是他反复思索推敲后完成的。这些工序流程在以往的紫砂行业中前所未有,围绕着紫砂工艺而形成,是厂里的生产人员提高效率的基础条件。顾景舟全心全意地投入这些工作中去,紫砂行业从传统手工作坊转型至集体生产,若没有他的智慧与付出,可以说是无法实现的。

蜀山紫砂工艺社和国营宜兴合新陶瓷厂1958年开始合并,1959年成立了"江苏省宜兴紫砂工艺厂"。合并之后的紫砂生产本应该迎来更大的发展,实则不然。受到这一阶段全国"大跃进"的影响,紫砂厂进行了不少所谓的紫砂技术革新活动,在生产方式上盲目进行机械化,或是在成型工艺上倡导使用模具而非手作,认为能够提高生产效率。这些抛弃传统工艺追求的做法带来了很大的负面影响。1959年,顾景舟在整体的浮躁气氛中出任技术研究室副主任和技术股股长,坚持传统工艺程序,默默指导着仍肯用心做壶的人。同时还进行了一些技术上的探索,如实验制作上釉紫砂啤酒杯、设计餐具茶具、制作高档花盆等。20世纪60年代早期紫砂厂产品结构出现问题,整个运转陷入低谷,随后的"文革",导致紫砂厂一再受到冲击。顾景舟之前所做的研发在此期间发挥了极其关键的作用,维系了紫砂厂的生存。加上他在生产低迷时期遍访全国各地考察陶瓷产区得来的经验,努力改进工厂的管理和生产,有力地支持了紫砂产业的重新振兴。直至20世纪80年代后期,紫砂工艺厂的生产复苏,紫砂研究所规模扩大,顾景舟任技术副所长,除了进行材料、技术、产品的开发以外,仍每日在所内巡视,帮助改善创作环境,解决形形色色的问题。若说他在制壶和科研方面的成就还是站在前人的肩膀上所得,那么他在紫砂合作社和紫砂厂建立过程中所做的大量工作,对生产流程、工序、管理等方面的贡献,则完全是开创性的。

（四）教学与传播

传承是发展的基础,在传统工艺美术行业中,师徒关系是传承的唯一纽带,手口相授,代代相传,是工艺技巧得以保存的途径。1952年,顾景舟应好友之请收下了第一个徒弟徐汉棠,开始了他严格的授徒工作。与传统老艺人不同,顾景舟面对徒弟和其他紫砂艺人,常常毫无保留的沟通与交流。这在传统工艺门类的师徒关系中是极为少见的。各类工艺美术行业,长期以来为了避免被超越,工匠之间常将自己的绝活私藏起来,坚决避免被人学去,断了财路。顾景舟打破这种陋习,不仅如此,还打破了师傅带徒弟的传统教授方法,他在做壶时徒弟可以在旁边观察,他不仅细致地讲解工艺和技巧,还上手指导弟子制作（图3-19）。除了基本的工艺锤炼之外,他还非常注意提高徒弟的文化修养,有基础的徒弟他介绍许多门类丰富的报刊和书籍开阔眼界,有能力的徒弟他要求临摹碑帖、研读古籍,而基础不够的徒弟他也有自己的办法。1972年入门的徒弟吴群祥接受采访时回忆说,师傅当时要求他每天阅读报纸,上面登载的所有内容包括天气预报和广告都要读到。这样三年下来,基本的阅读能力、理解能力和知识面都建立起来。从这个小细节可以看出,顾景舟针对徒弟不同情况,采取了灵活而有效的教学手段。

除了以传统方式一对一的授徒,顾景舟还在紫砂从业人员构成、培养模式的转型过程中起到了非常重要的作用。蜀山陶业生产合作社的"紫砂工艺班"1955年1月开办,顾景舟作为"技术辅导员"负责招生。前两批学员共61名,分给7位老艺人分别教授。这种集体学习

图3-19　顾景舟开创了新的师傅带徒弟模式

的模式在以往的工艺美术传承中并不存在，若按照传统方法去教授，难以得到良好的效果。正如在合作社和工厂筹建期间一样，顾景舟以无私的胸怀，全心全意地探索新的教学模式，将自己融会的传统文化与现代美学的知识和技艺一一传授。据当时跟随他的学生回忆，顾景舟要求很严，不仅在做壶的过程中对锤泥、敲打、工序等都有严谨细致的要求，有些甚至是学生不能理解的要求，如整洁的标准、工具的制作和摆放等。后来的多位紫砂大师均是出自这个班，在他的培育下成了高级工艺美术人才，提及学习经历无不感慨。

1979年，香港收藏家罗桂祥来到宜兴，订购了许多紫砂工艺作品。他感慨于紫砂工艺厂的制作能力，提出组织力量进行历史名壶仿制，前往香港展览。在此契机下，"紫砂特种工艺美术班"1980年开班，顾景舟一如既往地将自己的技术要领倾囊相授，使紫砂制作的整体水平跃上了一个台阶。在第二年的第六届亚洲艺术节上，宜兴紫砂代表团展出的作品大受欢迎，顾景舟应邀做了讲座，宣传了紫砂艺术，也为紫砂厂的产品打开了市场。顾景舟的后半生进行了大量与此类似的公共教育和社会宣传活动，除培训、讲座等面授外，还在1980年9月作为技术指导，帮助上海科学教育电影制片厂完成了科教片《紫砂陶》，大大推动了社会对紫砂的认识。20世纪80年代，顾景舟先后赴香港三次，进行交流、讲座、评奖、鉴定等活动，宣传紫砂文化。1993年他年近八旬时，还前往台湾参加"宜兴紫砂陶精品展"活动。1991年，顾景舟捐赠20万元设立"宜兴市丁蜀镇教育基金会"，极现代的公益举动带动了弟子和其他紫砂工艺师，大大推动了宜兴公益教育事业发展。

（五）顾景舟的经典紫砂作品

1. 20世纪30年代

1933年，储铭（又名腊根，号大匠巨人，亦号龙溪山人。制洋桶茶壶独绝，时称"洋桶大王"）应顾景洲的父亲顾炳荣之邀，赴其家当客师，制壶兼传授顾景舟壶艺。例如洋桶壶、掇球、如意仿鼓等。1936年，顾景洲被聘请至上海古董商郎玉书之"郎氏艺苑"店里，专事仿古制陶，其间临摹过陈鸣远、邵大亨等的作品，技艺突飞猛进。后因抗日战争全面爆发，于1938年回到了家乡。顾景洲回到家乡，却不幸染上天花，死里逃生后，曾经回忆说："我好像闻到了'死亡'的味道，就像被埋在土里的土腥味。"

2. 20世纪40年代

1942年，顾景洲赴上海标准陶瓷公司任雕塑室技师，工作是翻制模具，作品署号"自怡轩"。当时他月薪100大洋，这是非常高的薪水，足以养活父母和两个弟弟。有闲章《得一日闲我为福》（仿文彭）、《足吾所好玩而老焉》（仿邓石如），有《高线三足提梁壶》等作品问世。1944年，顾景洲回到家乡，生活艰难，其间制圆竹段茶具等，用印"瘦萍""老萍"，以"萍"寓漂泊不定之意。

1946年，顾景洲由周志禄、徐祖纯牵线，为农民银行座谈会做纪念品仿古壶，除完成订单的100把外，又多做10把，共计110把。这是顾景舟一生中完成的最大宗的一次产品订单。抗战胜利后，顾景洲频繁往返于上海与宜兴两地。在此期间，他与戴相明、唐云结下深厚情谊。也正是在这一时期，他将名字改为景舟，取意自喻为艺海一舟，表达自己在艺术海洋中不断探索前行的志向。1948年，顾景舟精心制作五把石瓢壶，吴湖帆、江寒汀等沪上书画家为之书画。除自留一把，余四把慨赠戴相明、江寒汀、唐云、吴湖帆。

3. 20世纪50年代

1951年，因为有在标准陶瓷公司工作的经历，顾景舟由同辈顾浩元推荐，应聘上海天原化工厂（德国人创办），考试合格，但体检时发现有肺结核病而最终没有被录用，只能回家休养。1952年，顾景舟回到家乡养病，在家种花养鱼。病愈后收了平生第一个弟子，是朋友也是亲戚——徐祖纯的儿子徐汉棠，其间还创作了莲蓬摆件等作品。1954年，顾景舟响应政府号召，积极参与宜兴县汤渡陶业生产合作社蜀山紫砂工场组建筹划工作，任合作社生产理事委员兼技术辅导员，创作《如意云纹三足鼎壶》等。

1955年10月，蜀山陶业生产合作社设立"紫砂工艺班"，招收第一批艺徒，李昌鸿、沈蘧华、高海庚等师从顾景舟学艺，顾景舟任生产理事委员兼技术辅导员，负责紫砂工艺班的招生和技术辅导，与朱可心、任淦庭、裴石民、吴云根、王寅春、蒋蓉并称"紫砂七老"。1955年左右，顾景舟创制花货巨制十头松鼠葡萄咖啡茶具。2015年11月19日，在北京东正拍卖会"献礼"专场，全场只拍卖这一套紫砂作品，以8000万元落槌，如果加计15%的佣金，最终成交价为9200万元。1956年，紫砂工场改为宜兴紫砂工艺厂，顾景舟与带队来厂实习的中央工艺美术院（今清华大学美术学院）高庄教授结为知交，两人合作《提璧壶》。同年，顾景舟被国家授予工艺行业最高荣誉"工艺人"称号，被江苏省人民政府授予"技术辅导"称号。

1959年，顾景舟任紫砂技术研究室副主任、主任，负责全厂的技术辅导工作。为开发紫砂销路，他带头搞技术革新，与高海庚等创制上釉啤酒杯，设计高档花盆等生活实用品，屡屡得奖。还参加了北京人民大会堂江苏厅的布置工作，设计了一批大型的餐具及高档花盆。

4. 20世纪60年代

1960年，工艺行业低潮时期，顾景舟专事产品设计和打样，改进紫砂专用工具。20世纪60年代遍访北京、上海、广州、苏州等地博物馆，寻觅珍品，并带领技术人员到其他兄弟陶瓷产区考察。为完成外贸订货，顾景舟向周尊严、潘持平、顾绍培、徐乐平、陈粉林、张树林6人传授大件花盆的制作技艺，紫砂花盆型、工艺达到极高水准。

5. 20世纪70年代

1972年，顾景舟创作雪华壶、提璧茶具、上新桥壶，并做石瓢壶、中石瓢壶。70年代创作花器咏梅茶具，他的梅花，理与趣，相得益彰。就气质而言，倾其一生读书的品性、逸情、人格融入，文静中自有凛然，风骨铮铮，却又有妩媚的面影在。1975年做传统小寿星壶，多次参加宜兴地区古窑址的发掘研究工作。1976年7月，顾景舟对蠡墅羊角山宋代紫砂窑遗址进行了认真细致的考证，先后发表数十万字有关紫砂陶艺的论文，有关紫砂的书刊都聘其为艺术顾问。1979年，香港实业家罗桂祥先生来宜兴与顾景舟商议定购工艺师作品，并提议仿制历史名作。

6. 20世纪80年代

1980年，在顾景舟的支持及参与下，国家专门建立了"紫砂特艺班"。按香港著名收藏家罗桂祥先生的供样，带领汪寅仙、周桂珍等中青年技艺人员复制历代名作，如僧帽壶、井栏壶等，并担任技术总监。接下来，顾景舟陆续创作了矮僧帽壶、汉铎壶、圆钟壶、矮井栏壶、乳鼎壶等，并挑选工艺师和高级工艺师每周为特艺班学员上课，奠定了紫砂技术水平跃上新台阶的基础，为整个紫砂事业的繁荣与发展写下了光辉灿烂的一页。

1981年，顾景舟受邀率领徐秀棠、高海庚首次赴港参加香港第六届亚洲艺术节，在香港第六届亚洲艺术节上，"紫砂特艺班"的这批作品大展紫砂陶艺魅力。同时，顾景舟在港为紫砂陶艺收藏家罗桂祥博士收藏的两百件藏品作出鉴定，并开办紫砂陶艺讲座。顾景舟曾三次参加全国工艺美术艺人代表大会，受到国家领导人的接见，他的作品也受到国内外同仁的高度评价。1982年9月，高海庚厂长带领紫砂工艺厂举办北京端门紫砂工艺厂的紫砂精品展，顾景舟担任技术总监，引发紫砂热潮。

1983年，顾景舟带其夫人徐义宝来上海求医。在此期间顾景舟一共做壶五把，三把"小供春"，两把"鹧鸪提梁"。1985年，顾景舟亲自设计指导一批紫砂精品，参加全国性的展评活动，促使"方圆牌"高级紫砂茶具被国家评定为"金质奖"。应香港锦锋公司之邀，率蒋蓉、汪寅仙、吕尧臣、周桂珍、李碧芳赴港参展。1987年做《玉璧盖提梁壶》等，为故宫博物院鉴定紫砂器。1988年4月，轻工业部授予其"中国工艺美术大师"称号。1989年应香港锦锋公司之邀请第三次访问香港，做高僧帽壶、如意仿鼓壶、此乐壶，并题写装饰金文释文。

7．20世纪90年代

1991年，顾景舟主编《宜兴紫砂珍赏》（图3-20）一书，由香港三联书店出版，为紫砂历史上第一本紫砂艺人自己编写的专著，至今畅销。1992年为锦锋公司紫砂珍品展制《鹧鸪壶》（韩美林书）、《福寿夙慧壶》（刘海粟书画）。在宜兴第三届陶艺节紫砂国际文化研讨会上，他发表了《紫砂陶史概论》。1993年，顾景舟作为"宜兴陶瓷艺术作品展览会"代表团成员首次访问台湾，高虚扁壶和双圈壶，参加了此次展览。为期10天的宜兴陶瓷作品展出，轰动了宝岛。从政界要员到财团大亨，从文人雅士到平民百姓，都纷纷赶到宏德文化中心，去欣赏陶瓷精品，观看操作表演，共达13000人。

图3-20　顾景舟主编《宜兴紫砂珍赏》

四、思政微课《顾景舟》

（一）顾景舟精神的传承要点

顾景舟大师内心秉持的气质与品性，正气强，为公坚，创艺业真诚，是他"三成"的根本决定要素。弘扬和传承顾景舟优良精神，需精准把握以下三个要点。

第一个要点是修艺德，明艺理，认真"尊道贵德"。坚定不移强化正气为公升艺华；吸纳时代精要，正确传承中华优良道德学问；认真修炼自己的真诚为公使用价值功能，为社会创优良。

第二个要点是懂艺道，用艺功，正确"道法自然"。坚持以正气为公用气力创优良；正确认识和再现客观存在，选取优良元素，化于心，孕于行，专志创新求优异；文武兼备，善于以优文（学问内涵）导良武（气力运行）为社会孕化财富，不以乱文用武化私害自己。

第三个要点是正艺风，化艺得，力行"上善若水"。坚定以优良人品的使用价值功能，用尽气力为他人创幸福；真诚以优化艺品发展人气和谐创新绩；以口碑品评的优美人格为人民，不求名利，自然积善得。

（二）没有规矩，不成方圆：严师

1. 深厚精湛的技艺造诣

顾景舟对紫砂工艺的理解和掌握达到了登峰造极的程度。从泥料的挑选、调配，到制作工具的打造，再到成型、烧制，每一个环节他都亲力亲为且技艺精湛。他能精准把控泥料特性，根据不同壶型需求调配出最合适的泥料。制作时，手法细腻娴熟，线条流畅自然，所制紫砂壶比例协调、骨肉停匀。例如他的经典之作"石瓢壶"，在传统基础上改良创新，将线条的刚柔并济展现得淋漓尽致，壶身各部分衔接自然，充分体现了他深厚的技艺功底。

2. 独特高雅的艺术审美

顾景舟的作品充满独特的艺术韵味和高雅格调。他善于从中国传统文化中汲取灵感，将书画、金石等艺术元素融入紫砂创作。他的壶型设计简约而不简单，注重整体的和谐统一，追求一种含蓄内敛、古朴典雅的艺术风格。其作品不仅是实用的茶具，更是极具观赏价值的艺术品，如"提璧壶"，借鉴古代玉璧造型，线条简洁流畅，气质高雅，展现出独特的审美情趣，引领了紫砂艺术的审美潮流。

3. 无私奉献的传承精神

作为一代宗师，顾景舟深知传承的重要性。他毫无保留地将自己的技艺和经验传授给后辈，培养了众多优秀的紫砂人才。在教学中，他严谨认真，注重基本功的训练，要求学生从做工具、捶泥等基础环节学起。他常以"没有规矩，不成方圆"教导弟子，培养出了徐汉棠、李昌鸿等一批紫砂界的中坚力量，为紫砂艺术的传承与发展奠定了坚实基础。

（三）顾景舟紫砂的艺术特色

形、态、气、神——顾氏紫砂的美学修养。顾景舟先生初涉紫砂时先接触方器，兼做圆器；以后逐渐偏重于制作光素器；最终奠定了其以几何形态为主的个人风格。对紫砂器型、工艺、线条的研究贯穿了他的整个艺术生涯。

诗、书、画、印——顾氏紫砂的文人艺趣。顾景舟40年代在宜兴和上海两地往返较多，与铁画轩老板戴相明成为好朋友，有时做好泥坯带到上海与书画家合作，再带回宜兴烧制。这段经历令顾景舟在今后的创作生涯中与诸多书画家进行了多次交流，其中吴湖帆、江寒汀、唐云、魏紫熙、亚明、刘海粟、韩美林、范曾等画家均与顾景舟在紫砂艺术上有过数次合作。

精、巧、真、趣——顾氏紫砂的多重探索。顾景舟平生所制紫砂作品以壶为主，但却并不局限于此。从其现存作品中，依旧可以发现笔筒、花盆、水注、水盂、水杯等日用或文房器具；其中一部分为其在创作过程中为研究前辈的制作工艺所做，另一部分也充当其在教学过程中的示范。

研、理、学、艺——顾氏紫砂的学术探究。顾景舟在学术方面的严谨态度贯穿于他艺术生涯的始终。台湾的陈文彬先生多年来一直珍藏着很多与顾景舟往来的信件，其中的一页资料记录了顾景舟对邵友廷、程寿珍制壶风格亲手写下的描述："友廷壶有时在把下壶身戳有

'为记'二字。他的作品（传器）做工一般都比较细腻。重形制，尚气魄。而技法处理稍感粗犷，但颇饶艺趣。"

思政微课《顾景舟》

第三节 "两山"理论新茶经

> 茶之为饮，发乎神农氏，闻于鲁周公。中国是茶的故乡、茶文化发祥地。中华民族五千多年文明画卷，每一卷都飘着清幽茶香。茶，源自中国，盛行世界，既是全球同享的健康饮品，也是承载历史和文化的"中国名片"。2021年3月22日，正在福建考察调研的习近平总书记来到武夷山市星村镇燕子窠生态茶园，察看春茶长势，了解当地茶产业发展情况。他对乡亲们说，"过去茶产业是你们这里脱贫攻坚的支柱产业，今后要成为乡村振兴的支柱产业。"他叮嘱，要统筹做好茶文化、茶产业、茶科技这篇大文章。

一、"两山"理论真谛

迎春时节，白茶飘香，茶山罩雾，宛如仙境。行走在浙江省安吉县的黄杜村，只见一栋栋靓丽的农家别墅错落有致，一条条整洁的山间小路蜿蜒其间，一片片翠绿的茶园苗圃生机盎然，田间的农民们脸上洋溢着祥和的笑容，仿佛置身于一幅充满诗意的江南农耕画卷之中。

2022年3月30日，习近平总书记时隔15年再次来到安吉县的余村进行考察。映入眼帘的是青山叠翠、流水潺潺、道路整洁的宜人景象，习近平总书记说道："余村现在取得的成绩证明，绿色发展的路子是正确的，路子选对了就要坚持走下去。"

"一片叶子富了一方百姓。""绿水青山就是金山银山。"保护好青山绿水换来了安吉白茶的长足发展。《2024中国茶叶区域公用品牌价值评估报告》公布，安吉白茶品牌价值为54.86亿元，成为连续15年跻身品牌价值十强的茶叶区域公用品牌。20多年来，安吉白茶产业的发展让人们看到，经济发展不能以破坏生态为代价，保护生态就是发展生产力，良好的生态环境已经成为幸福生活的新内涵。

（一）保护生态才能发展

1980年，安吉县在茶叶资源普查中发现，天荒坪镇大溪村的千米高山中有一株树龄150年左右的野生白茶树（图3-21）。

图3-21 安吉"白茶祖"所在地

该树被科研人员"请"下山,安吉白茶产业也按下了发展的"启动键"。而此时的余村,正在轰轰烈烈地进行开山炸矿,村民靠破坏环境走超常规发展的路子,虽然赚到了钱,但环境急剧恶化。安吉开始重新审视自身的优势和特点,寻求一条长远的发展路径。安吉确立了"生态立县"的发展思路,关闭并复绿了200余处矿山。

1998年,确立"生态立县",也是在这一年,安吉县委、县政府专门成立安吉白茶开发领导小组,鼓励农民发展白茶产业。黄杜村是安吉白茶的核心产区,村书记盛阿伟说,黄杜村是个农业村,种过辣椒、栽过板栗,但都未能做成功。"我们村在安吉最早尝试种植白茶,从1997年开始,村民经历了从不相信白茶能致富,到赚钱了开始挖荒山种白茶。"白茶能让荒山变金山,如果将所有荒山都变成茶园,致富的脚步岂不是会迈得更快?

安吉县农业局副局长韩树根表示,这种做法不可行,"经研究,茶树是浅根系植物,固土作用比较弱,如果山体坡度超过30度,长期的雨水冲刷和泥土流失可能会有发生泥石流的风险"。2012年,安吉县开始控制茶园的拓荒面积,不允许毁林种茶;2017年发布《禁止毁林毁竹种茶长效管理十六项举措》,决定在安吉县林区范围内禁止一切毁林毁竹种茶行为,加强森林资源保护,维护良好森林生态环境。"限制茶园面积,并没有限制安吉白茶的发展,相反茶农们明白保护生态的重要性,会在茶园种植一定比例的树木用来固土,好环境让白茶的品质更佳,产业反而发展得更好。这也让村民深刻体会到,只有保护好生态环境,经济发展才可持续。"盛阿伟说。

(二)茶农变老板,好生态养出好产业

2003年4月9日,时任浙江省委书记习近平走访安吉溪龙乡黄杜无公害白茶基地时,充分肯定了安吉白茶的富民产业,并留下了这句评价:"一片叶子富了一方百姓。"秉持着绿色发展理念,截至2019年,黄杜村白茶的种植面积已经达到1.3万亩,在安吉以外管理的茶园面积4万多亩,白茶产业的产值4亿多元。依靠白茶,村民的年收入从1997年的1000多元,增加到2019年的4.9万元。

1994年还在外地打工的黄杜村村民李粉英,如今已是一家茶厂的老板娘。"1997年,白茶苗7毛钱一株,我们借了1000元,买了1050株。当年卖了种出来的茶苗赚了2400元,买了台彩电,白茶能致富让我有了信心。"李粉英说。经过20多年的发展,李粉英的茶厂目前可以炒茶六七千斤,雇用10名员工,其中8位为炒茶师傅,茶叶销售额达五六百万元,已经从茶农变身为老板。李粉英说:"茶叶需要好的环境,白茶是致富茶,保护生态就是保护致富茶。因为大溪乡黄杜村的环境好,茶叶品质高,全国从安吉引种出去的白茶,种植面积达400万亩,但是我们本地的安吉白茶价格卖得更好。"截至2022年,安吉白茶种植面积达到20.1万亩,产值达到32亿元;茶农1.7万户,白茶产值占全县农业总产值的60%,带动全县农民人均增收8800元。

(三)茶山变金山,新业态为发展注入新活力

2005年8月15日,时任浙江省委书记习近平在余村考察时首次提出"绿水青山就是金山银山"的科学论断。"总书记在安吉提出的'绿水青山就是金山银山',我们这些茶人真的

是深有体会。"盛阿伟说。

茶园变景区、茶农变导游。在安吉，茶季卖茶叶，农闲做旅游、做民宿，安吉打出了一副生态好牌，白茶已经为当地经济发展注入了新活力。作为安吉白茶龙头企业，浙江安吉宋茗白茶有限公司副总经理卓超介绍，以白茶为原点，宋茗开始尝试一、二、三产业融合发展之路。从2012年开始，在安吉县递铺街道古城村，宋茗建设了1200亩生态茶园，打造以安吉白茶文化为主题，以千亩安吉白茶精品园为平台，由千亩安吉白茶精品园、茶康养度假酒店、茶文化影视基地、安吉白茶博物馆、茶叶品种资源库组成的中国安吉宋茗茶博园。还先后与电视剧携手，实现茶文化与影视文化的结合，农旅结合模式成为安吉白茶产业发展的新样板。

帐篷客酒店、高端民宿旅游等新业态的引进，让村民尝到了"甜头"，游客多了，茶叶的销量也随之增多。韩树根说，安吉全力推进系列产品开发、白茶文化挖掘、主题旅游发展，建成了中国白茶城、宋茗茶博园、溪龙白茶小镇等一批产销结合、茶旅结合项目，着力拉长产业链、提升附加值。"绿水青山就是金山银山"，良好生态环境是最普惠的民生福祉。"安吉坚持生态立县发展战略，并不是要放弃工业文明，回到原始的生产生活方式，而是要以资源环境承载能力为基础，以自然规律为准则，以可持续发展、人与自然和谐为目标，建设生产发展、生活富裕、生态良好的文明社会。"安吉副县长陈小龙说。

缘起于浙江、践行于全国的"两山"理论，已经成为全党全社会的共识和行动，成为新发展理念的重要组成部分。2017年10月18日，党的十九大报告指出："必须树立和践行'绿水青山就是金山银山'的理念。"随后，"增强'绿水青山就是金山银山'的意识"的内容，被写入《中国共产党章程》。至此，"两山"理论成为全党的共同意志和共同行动。生态保护、绿色发展，浙江省织成了保护青山绿水的一张"生态安全网"，为可持续发展奠定了坚实基础。我们对高质量发展的追求，正是为了同时留下"绿水青山"与"金山银山"。无论是践行"绿水青山就是金山银山"的发展理念，还是促进高质量发展，最终的落脚点都是民生福祉。保护生态环境，构筑生态文明基石，是对国家民族与子孙后代负责，也将增益人类共同福祉。

二、因茶致富因茶兴业

2020年是全面建成小康社会目标实现之年，也是全面打赢脱贫攻坚战收官之年。在党中央的坚强领导下，在全国人民勠力同心不懈奋斗下，终于全面打赢脱贫攻坚战，消除了千百年来困扰中华民族的绝对贫困问题。脱贫攻坚，产业先行。茶产业是决胜脱贫攻坚，助力乡村振兴的重要支撑力量，是茶农增收致富的产业。在我国茶叶主产区，县域茶业经济发展水平很大程度上决定着当地经济发展、农民富裕的水平，茶产业对地方经济社会发展、农民脱贫致富和乡村振兴意义非凡。2020年4月21日中午，习近平总书记来到陕西省平利县老县镇蒋家坪村女娲凤凰茶业现代示范园区（图3-22）调研考察，并在茶园里与茶农亲切交谈。习近平总书记深情指出："人不负青山，青山定不负人。"绿水青山既是自然财富，又是经济财富。希望乡亲们坚定不移走生态优先、绿色发展之路，因茶致富、因茶兴业，脱贫奔小康。

图3-22　陕西省平利县老县镇蒋家坪村女娲凤凰茶业现代示范园区

"十四五"阶段的时代背景以精准脱贫与乡村振兴衔接,既要巩固全面小康和脱贫攻坚成果,提高脱贫质量,又要全面实施乡村振兴战略,茶产业在乡村振兴中大有可为。让茶产业满足人民对美好生活的向往是我们努力的方向。茶产业助力精准扶贫,在2014年公布的全国涉及22个省(自治区、直辖市)、832个贫困县名单中,到底有哪些县是由于茶产业的发展,消除贫困的呢?

(一)茶产业振兴与脱贫攻坚紧密相连

1. 茶产业与贫困地区地缘的协同性

目前我国茶园面积约150万公顷,遍布近20个省(自治区、直辖市)近千个县市,其中大部分省(自治区、直辖市)的数百个产茶县属于贫困县。全国22个省(自治区、直辖市)级行政区内的832个国家贫困县中,产茶的就有16个,与茶产业有关的国家贫困县有337个,其中三分之一以茶叶为支柱产业;近几年的全国重点产茶县中(100强),接近一半属于国家级贫困县。茶产业与我国贫困地区存在十分紧密的地缘协同性,在茶产业的助力下,这些产茶贫困县均已实现脱贫摘帽。一片叶子成就的大产业已成为脱贫攻坚战重要的决战决胜战场,也成为贫困地区茶农脱贫致富奔小康的重要依靠。

2. 茶产业引领贫困人口迈向致富路

安溪县既是千年古县,又是人口大县,也是安溪铁观音的故乡。安溪县曾经是福建省最大的贫困县,1985年贫困人口31.37万人,占全县人口39.6%。安溪县委、县政府深入实施"以茶脱贫"战略,大力推广"企业+合作社+农户"的模式,通过组织化和良好管控提高茶叶品质及效益。经过多轮大规模扶贫,实现由贫困摘帽到基本小康,再到全国百强的"三大历史跨越"。由国家贫困县到全国百强县,安溪县"以茶脱贫"的模式成为众多产茶贫困县脱贫致富的典范。近年来,各大产茶区、产茶县持续做好茶的文章,带动当地茶农增收致富。例如贵州茶产业辐射带动356万人,带动贫困人口34.81万人,脱贫17.46万人;广西三江茶产业覆盖全县98个贫困村,2.15万户贫困户,从2000年起茶产业已带动8.5万人脱贫;广西昭平县茶产业覆盖全县35个贫困村,惠及贫困人口2.5万人;陕西汉中市在脱贫攻坚中1.15万户、2.67万人依靠茶产业实现脱贫。"安溪模式"正以星火燎原之势在全国各地有效推广,上百万茶农摆脱贫困,走向共同富裕的道路。

3. 茶产业是先富带后富,共同富裕模式的典范

地处浙西北山旮旯里的安吉,曾是有名的贫困县。随着"白叶一号"的推广以及安吉白茶的兴起,百姓将山林改成了茶山,效益大涨,成就了"一片叶子富了一方百姓"的佳话。致富不忘党恩,先富帮后富。2018年4月,黄杜村20名党员给习近平总书记写信,汇报了该村种植白茶致富的情况,并提出愿意捐献1500万株茶苗帮助贫困地区脱贫。如今,这片致富的"金叶子"已在四川省青川县、湖南省古丈县、贵州省普安县、贵州省沿河土家族自治县、贵州省雷山县落地生根,白茶产业发挥了重要的增收脱贫、巩固脱贫成果作用,是先富带后富,共同富裕模式的典范。2018年,习近平总书记对安吉县黄杜村农民党员向贫困地区捐赠白茶苗作出重要指示。浙江省供销社企业浙茶集团主动承担安吉县黄杜村党员捐赠1500万株(5000亩)"白叶一号"爱心茶苗种植、加工指导和茶产品10年包销任务,联合普安县共同投资建设"白叶一号"茶产业园,推出扶贫茶品牌"携茶",并积极拓展"携茶"市场销售渠道,为大规模量产销售提供保障。2020年4月1日,习近平总书记在浙江省考察结束时的讲话中,对安吉县黄杜村党员通过捐赠白茶树苗、结对帮扶等方式,帮助湖南、四川、贵州一些困难群众成功脱贫给予充分肯定。2021年2月25日,习近平总书记在全国脱贫攻坚总结表彰大会上宣布脱贫攻坚战取得了全面胜利,并强调"脱贫摘帽不是终点,而是新生活、新奋斗的起点。"

(二)脱贫攻坚关键期茶产业发展

1. 省级行政区脱贫攻坚关键期茶产业发展

根据《中国农村扶贫开发纲要(2011—2020年)》精神,按照"集中连片、突出重点、全国统筹、区划完整"的原则,国家在全国共划分11个集中连片特殊困难地区,加上已明确实施特殊政策的西藏、四省藏区、新疆南疆三个地区,共14个片区,其中秦巴山区、武陵山区、乌蒙山区、滇桂黔石漠化区、滇西边境山区、大别山区、罗霄山区共7个片区适合发展茶叶,茶产业成为当地扶贫的核心产业。在这7个片区的11个主要产茶省(自治区)级行政区中,茶叶产量增长最多的是云南省,2012—2019年增加16.55万吨,湖北省、贵州省、四川省产量增量也超过了10万吨;产量增幅在28%~168%,其中贵州省增幅高达168%,其次是陕西省达127%,湖北省、湖南省、江西省、广西壮族自治区产量增幅也超过70%。茶园面积增加最多的贵州省,2012—2018年增加22.09万公顷,其次是四川省、湖北省和云南省,分别增长10.46万公顷、9.60万公顷和8.38万公顷。茶园面积增幅在18%~90%,贵州省增速最快,其次是江西省、陕西省和湖南省。这些片区茶产业的高速发展为当地脱贫攻坚提供了强大推动力。

2. 产茶县脱贫攻坚关键期茶产业发展

在我国茶叶主产区,县域茶业经济发展水平很大程度上决定着当地经济发展、农民富裕的水平。中国茶叶流通协会统计了部分全国重点产茶县在脱贫攻坚的关键期(2012—2018年)历年茶叶产量的变化趋势,在所统计的42个重点产茶县中,除个别产茶县产量比较稳定外,

多数产茶县茶叶产量都有不同程度的增长。茶叶产量增幅超过100%的有湖北省长阳土家族自治县、湖北省巴东县、湖南省宜章县、湖南省沅陵县、贵州省安顺市西秀区、云南省临沧市临翔区、云南省永德县、云南绿春县共8个县区。茶叶产量增幅超过66.7%的还有安徽省六安市裕安区、湖北省恩施土家族苗族自治州、宣恩县、咸丰县、鹤峰县、湖南省石门县、安化县、云南省昌宁县、景谷傣族彝族自治县、云县、沧源佤族自治县、江西修水县等，共计20个县区。茶叶产量增幅超过33.3%的还有安徽省岳西县、金寨县，贵州省黎平县、丹寨县，云南省凤庆县、勐海县，江西省上犹县，河南省光山县等，共计28个县。中国茶叶流通协会在2016—2020年共发布了五批产茶百强县名单，剔除重复外，共有15个省、162个县获取百强县殊荣。无贫困县产茶省（自治区、直辖市）有5省，百强县共有37个，如图3-23所示。

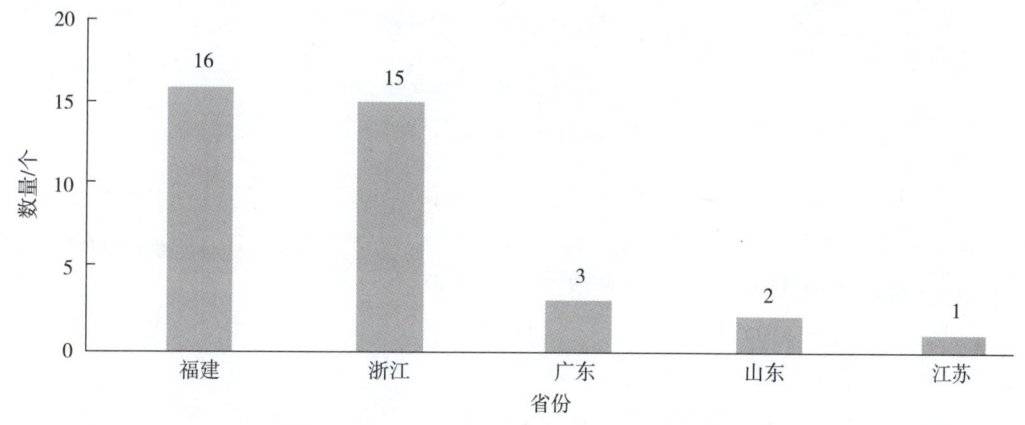

图3-23 无贫困县5省产茶百强县分布情况

主要产茶省份中甘肃、西藏、海南、重庆4省（自治区、直辖市）没有产茶百强县，其余10个省产茶百强县共有125个（图3-24）。

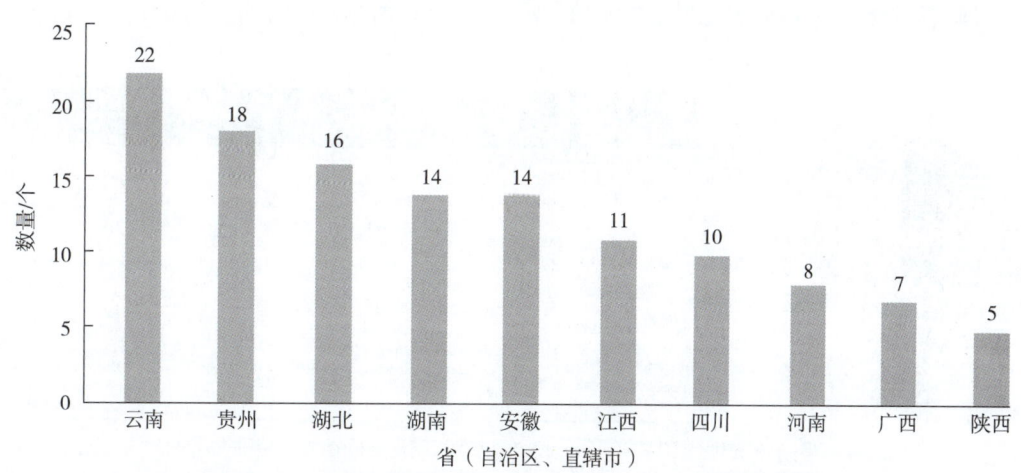

图3-24 有贫困县10省（自治区、直辖市）产茶百强县分布情况

在10个具有产茶百强县的有贫困县的省（自治区、直辖市）中，共有贫困县459个（图3-25）。符合"因茶致富、因茶脱贫"产茶百强县条件共有69个。

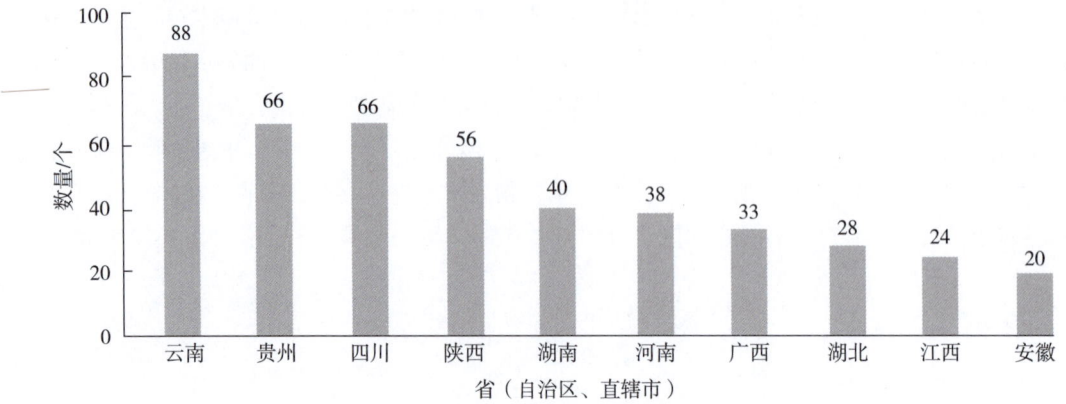

图3-25　有贫困县产茶百强县10省（自治区、直辖市）贫困县分布情况

当然，可能还有茶产业做得比较好，没有去申报产茶百强县的贫困县，按照扩大一倍核算，最多有140个"因茶致富、因茶脱贫"产茶县。那么在832个贫困县中，产茶主要省份18个（不包括西藏自治区）核定，贫困县共有536个，其脱贫率约为26.1%，表明茶叶在乡村振兴、脱贫致富中发挥了重要作用。

3. 我国产茶县脱贫摘帽概况

根据中国茶叶流通协会统计，全国832个国家级贫困县中，共有337个贫困县以茶产业为脱贫产业，其中云南省70个、贵州省65个、四川省35个、广西壮族自治区31个，超过20个的还有湖北省、湖南省和江西省。根据国务院扶贫开发领导小组公布的国家贫困县历年摘帽名单，对337个涉茶贫困县脱贫摘帽的时间进行统计，结果如图3-26所示。最早实现脱贫摘帽的涉茶贫困县主要有江西省吉安县、井冈山市，重庆市万州区、黔江区、丰都县、武隆区、秀山土家族苗族自治县，四川省南部县，贵州省赤水市。

涉茶贫困县脱贫摘帽主要集中在2018—2019年，2018年和2019年分别有100个和149个贫

图3-26　涉茶贫困县脱贫摘帽年份和全国重点产茶贫困县的脱贫摘帽时间分布

（注：①左图为涉茶贫困县脱贫摘帽年份统计；②右图为全国重点产茶贫困县脱贫摘帽时间；③括号内为脱贫摘帽年份；④脱贫摘帽年份根据国务院扶贫开发领导小组公布的国家级贫困县历年摘帽名单为准；⑤全国重点产茶县参照"2019年中国茶业百强县"名单。）

困县脱贫摘帽。图10-6右图统计了全国重点产茶贫困县的脱贫摘帽时间，45个全国重点产茶贫困县全部在2017—2019年实现脱贫摘帽，其中2017年8个、2018年22个、2019年15个。目前我国茶园面积约150万公顷，遍布近20个省（自治区、直辖市）近千个县/市，大部分省（自治区、直辖市）的数百个产茶县属于贫困县。全国22个省级行政区内的832个国家级贫困县中，产茶的省级行政区就有16个，与茶产业有关的国家级贫困县有337个，其中三分之一以茶叶为支柱产业；在全国重点产茶县100强中，近二分之一属于国家级贫困县。全国重点产茶县依据自身条件打造形成具有一定区域影响力，推动茶产业结构变革升级的重要发展方向。

（三）茶产业助力脱贫攻坚路径

在脱贫攻坚的关键期，各茶区纷纷大力发展茶产业，在党和政府的领导与支持下，在茶行业各界的共同努力下，茶产业成为337个涉茶贫困县如期脱贫摘帽、数百万茶农及从业者实现增收致富的主要力量。然而脱贫摘帽不是终点，在过去几年茶产业发展历程中，茶产业助力脱贫攻坚主要采取如下路径。

1. 产业政策引领

在脱贫攻坚的关键期，各省根据当地茶产业发展的不足与短板，纷纷研究出台相应的政策，从宏观层面、全局角度引领茶产业发展，助力脱贫攻坚。例如安徽省政府办公厅于2018年3月出台《关于做优做大做强茶产业助推脱贫攻坚和农民增收的意见》（皖政办〔2018〕7号），对茶产业发展的任务与措施作了明确的部署，6月安徽省农委与省扶贫办下发《安徽省做优做大做强茶产业助推脱贫攻坚和农民增收三年行动计划（2018—2020年）的通知》，对各地茶产业发展进行了任务分配；江西省人民政府办公厅于2019年印发《关于进一步加快江西茶产业发展的实施意见》（赣府厅发〔2019〕26号），提出按照"市场导向、政策引领、龙头带动、体系支撑"的思路，做好四方面工作，形成特色鲜明、市场畅销的现代茶产业发展格局；2011年以来，河南省制定并实施《河南省茶产业发展规划（2011—2020）》，把生态茶园建设作为重要内容；广西壮族自治区人民政府于2019年出台《广西壮族自治区人民政府办公厅关于促进广西茶业高质量发展的若干意见》（桂政办发〔2019〕117号），制定了广西茶叶发展目标；四川省政府于2014年出台《关于加快川茶产业转型升级建设四川茶业强省意见》（川府发〔2014〕1号），相关厅局也相应出台具体的实施方案，茶产业被四川省委省政府列为全省第一大优势特色产业；贵州省出台《贵州省农村产业革命茶产业发展推进方案（2019—2020年）》等文件，明确年度目标任务和6大类33项重点工作，确保落小落细落实，2020年贵州省人大常委员会通过贵州首部促进茶产业发展的地方性法规《贵州省茶产业发展条例》，明确了茶树种植、茶叶加工、品牌建设、扶持与服务等规范，保障贵州省茶产业持续健康发展，促进茶产业提质增效，建设茶产业强省；云南省政府先后发布《云南省人民政府关于推动云茶产业绿色发展的意见》和《云南省茶叶产业三年行动计划（2018—2020）》，明确要加快云茶产业提质增效、转型升级，推动全面绿色发展，打造千亿云茶产业的目标；2021年，湖北省人大常委员会通过《湖北省促进茶产业发展条例》，进一步加强茶产业融合发展的政策引导，继续将茶产业打造成乡村振兴的支柱产业。

2. 创新茶业联结机制

在落后产茶县茶产业发展的过程中,"龙头企业+专业合作社+农户"和"龙头企业+基地+农户"等创新联结机制的出现,有利于发挥龙头企业的示范带动作用,与合作社、小农户建立紧密利益联结关系,带动茶农分享茶产业链增值效益,从而有力助推茶产业规模化种植、标准化生产、产业化经营。贵州省湄潭县依托"公司+合作社+基地+茶农"的欧盟标准湄潭模式,以集约化、规模化的经营减少成本,增加茶叶产值,提高茶农收入,目标在3年内实现全县欧标茶园全覆盖。四川省茶业集团股份有限公司依托基地村民委员会和村支部委员会成立茶叶专合社,让茶农入股专合社,共同出资建立加工厂,现已辐射茶园基地30667公顷,带动17万户茶农,其中12531户成功实现脱贫。浙江省茶叶集团股份有限公司主动承接1500万株(5000亩)"白叶一号"茶苗在受捐的"三省五县"(贵州省普安县、沿河土家族自治县、雷山县、湖南省古丈县、四川省青川县)产出茶叶的加工、销售和品牌运营工作,打造全国首个扶贫茶品牌"携茶",与"三省五县"签订四方合作协议,并联合贵州省普安县政府投建了"白叶一号"茶产业园项目,扎实推进"白叶一号"扶贫工程,努力发挥供销茶企的责任与担当。福建正山堂茶业有限责任公司作为我国红茶龙头企业,将标准化的名优红茶加工工艺与技术推广到贵州省普安县、湖南省古丈县、河南省信阳市、四川省广元市、湖北省巴东县等茶区,带动各省红茶产业的蓬勃发展,助力精准扶贫和生态经济。

3. 标准体系的建设与完善

标准是经济活动和社会发展的技术支撑,是国家治理体系和治理能力现代化的基础性制度。建立健全完善的茶产业技术标准是规范茶叶生产、提高茶业经济效益的重要保障。2019年以来,各省市和相关团体大力推进地方标准和团体标准的制定工作,完善茶叶标准体系的建设。安徽省发布实施DB34/T 1356—2019《地理标志产品 松萝茶》等12项地方标准和3项团体标准;云南发布19项地方标准和12项团体标准,其中保山市发布9项完整的《保山市茶叶标准化生产综合技术规范》;广西壮族自治区发布DB45/T 2082—2019《花香型做青绿茶加工技术规程》等13项地方标准和3项团体标准;贵州省发布DB52/T 1358—2018《贵州抹茶》等16项地方标准和19项团体标准;湖南省发布DB34/T 1583—2019《地理标志产品 古丈红茶》等5项地方标准和30项团体标准;江西省发布DB36/T 1205—2019《针形绿茶加工技术规程》等23项地方标准。湖北省发布6项团体标准;四川省发布DB 51/T 607—2019《茶树小绿叶蝉测报调查规范》地方标准和9项团体标准。落后产茶地区茶叶行业标准化意识的提升强力助推当地茶产业的可持续发展,并将进一步增强当地茶业的竞争力。

4. 区域公用品牌的打造与发展

打造茶叶区域公共品牌,有利于整合区域优势品牌,提升区域茶叶产品质量和品牌影响力,扩大区域茶叶产业规模,增加茶叶产品附加值,是实现稳定致富进而促进乡村振兴的重要抓手。大湘西地区是湖南省扶贫攻坚的主战场,拥有洞口、城步、石门、安化、新化、沅陵、会同等38个贫困县市区,占全省贫困县总量的近75%。为此,"潇湘"茶公共品牌坚持以品牌建设引领产业发展,激发贫困地区产业内生动力与发展活力,取得了较为明显的经济效益与社会效益。安化县15万贫困人口中因茶脱贫人口达9.4万人,成为产业发展和精准扶贫的成功典范;石门县茶产业带动全县20万涉茶人口持续稳定增收;沅陵县茶叶茶产业带动全县贫困户5680户、1.8万人脱贫。对区域公用品牌带动当地就业人员的变化研究表明，2018年普洱茶、信阳毛尖、湄潭翠芽和恩施玉露4个区域公用品牌分别带动了就业人口1050万、132万、35万和12万，普洱茶不仅是带动就业过千万人口的品牌，而且十年间（2009—2018年）增长率达650%，年均复合增长率23.7%，平均每年新增91万人。湄潭翠芽十年间销售额从2亿元增至69.1亿元，增长率达3347.6%。恩施玉露品牌价值从2.9亿元增至20.5亿元，增幅达608.6%。这些茶区以品牌为抓手，整合多种扶贫方式协同作战，优化资源，合力共赢，有力促进了我国落后产茶区实现整合扶贫的效果，是贫困地区脱贫摘帽的有效推进途径。

5. 精准帮扶

截至2020年5月，安吉县共向"三省五县"捐赠"白叶一号"茶苗425公顷。其中包括首期向湖南省古丈县、四川省青川县、贵州省普安县和沿河土家族自治县捐赠358公顷，以及2019年向贵州省雷山县捐赠67公顷。国务院扶贫办多次召开会议，指导做好各方工作，浙江省全程参与技术指导和产业发展，茶苗长势良好，受捐地不断完善茶园基地及基础设施。"白叶一号"茶产业在贫困地区产生了明显的示范带动作用，促进了贫困户增收脱贫。各地在茶园建设、茶苗管护、茶产业发展等环节，探索通过农民专业合作社将企业与贫困户联结起来的模式，利用土地流转、合作社入股、劳务报酬等形式带动贫困户增收脱贫。首期捐赠四县已累计兑现土地流转费228万元，惠及农户605户，户均增收近3800元；组织贫困群众约6.7万人次务工，累计发放劳动报酬776万元；覆盖的1871户6133名贫困人口（动态调整前为1862户5839名）中已有1548户5505名贫困人口脱贫，白茶产业发挥了重要的增收脱贫、巩固脱贫成果作用。

在脱贫攻坚的关键期，各科研单位、行业协会、龙头企业也纷纷开展相应举措对落后产茶县展开精准帮扶。杭州市与恩施土家族苗族自治州开展东西部扶贫协作，通过稳链、补链、延链、强链，完善当地茶产业链，从而促进茶产业全面提升，四年多的杭州市与恩施土家族苗族自治州东西部扶贫协作直接带动全州36.36万贫困人口脱贫增收，助力全州8个县（市）如期实现脱贫摘帽。中华全国供销合作总社杭州茶叶研究院2012年以来以项目为纽带，以平台为依托，通过派出科技副县长、团队特派员、个人特派员，开展组团式科技服务与对口帮扶工作，带动农民创业创新，通过多年努力，形成了以科技创新示范县和标准化示范县为中心辐射全国主要茶叶产销地区的技术服务体系和网络，科技服务进一步覆盖浙江、福建、四川、湖南、贵州、云南等省40余个产茶县的政府、企业、市场等，对其茶叶加工的机械化和标准化、茶叶质量安全监测和控制，茶叶深加工和副产物高值利用、茶叶跨界产品开发及技能人才培训等茶叶全产业链进行科技支撑和科技服务活动。中国农业科学院茶叶研究所经过长期探索总结，创新提出"六位一体"（选定一个区域、签订一份协议、确定一名联系专家、编制一份规划、实施一批项目、应用一批新成果）的区域科技推广服务模式和"三长战略"（县市长+董事长+院所长）的科技帮扶措施，形成了一套较为系统的科技推广的长效机制。中国茶叶流通协会为促进消费扶贫的精准有效，及时发布产销、标准、政策信息及专项报告，为产茶县（市）政府提供权威参考；通过各类展会平台，宣传推介贫困地区优质茶叶；持续支持湖南、贵州等省贫困地区进京推广茶叶；引导并发挥会员单位中龙头茶企的带动作用，开展精准扶贫。浙江大学响应国家精准扶贫政策号召，专门成立景东扶贫工作领导小组，书记、校长两位主要领导担任双组长，在云南景东开启脱贫之路，立足景东彝族自治县古茶树资源优势，优化茶产业链管控，促进精准扶贫，合作开发的"紫金普洱"取得较好的社会效益。

三、"三茶"统筹新茶经

自1978年改革开放以来，中国乡村发展经历了一个由低水平、基础型向高质量、创新型不断发展过程，大体可分为"解决温饱—小康建设—实现富裕"三个阶段；中国乡村振兴是乡村发展演化到一定阶段后，迈向更高层次的战略必然选择。茶起源于中国，盛行于世界；经过上千年的发展，早已深深融入中国人生活。2021年3月22日，习近平总书记在考察福建省武夷山市星村镇燕子窠生态茶园时指出，"要把茶文化、茶产业、茶科技统筹起来，过去茶产业是你们这里脱贫攻坚的支柱产业，今后要成为乡村振兴的支柱产业。"这是指引中国茶业实现中国特色现代茶产业高质量发展的"新茶经"。2022年4月，习近平总书记在海南毛纳村调研时曾说："把茶叶经营好，把日子过得更红。"总书记简单的一句话，温暖了无数茶人的心；毛纳村是海南第一个乡村旅游示范点，小小的一片茶叶变成了这里的致富"法宝"。技术革命、产业升级、消费需求是产生新业态的关键因素，业态创新是产业高质量发展的重要途径。茶业高质量发展主要体现在三大方面：一是茶叶一、二、三产业协同发展，二是茶文化、茶产业、茶科技统筹发展，三是茶、文、旅、教、养融合发展；三大方面层层渗透、相辅相成、有机统一。中国茶人一定要用心做好"茶文化、茶产业、茶科技"统筹发展这篇大文章，切实担负起以新发展理念为指引，开创中国特色现代茶产业高质量发展的重大作用。

（一）开创中国特色现代茶产业高质量发展新阶段

当下，开创中国特色现代茶产业高质量发展新阶段，欣逢"国运盛茶运兴"盛世兴茶的大好机遇，肩负着弘扬茶文化、振兴茶产业、创新茶科技，促进文明交流互鉴、茶饮世界的历史使命和重大担当。

其一，中华人民共和国成立后经过70多年来的振兴发展，特别是改革开放40多年来的洗礼蝶变，中国已成为世界产茶大国、世界茶消费大国和世界茶文化大国，奠定了中国特色现代茶产业高质量发展的重要基础，中国茶和茶文化已经蝶变演化出一片万紫千红的茶春天、茶世界。但与世界茶业强国相比较，中国茶业还存在着大而不强、大而不精、大而不彰的尴尬局面和低小散弱的现实问题；面临破解大国小农瓶颈，丰富产业链供应链以满足人民日益增长的美好生活需要，以及全面提升国内国际双循环的话语权和竞争力等方面的问题，再创茶业强国辉煌仍任重道远。

其二，第74届联合国大会将每年5月21日设为"国际茶日"，以此赞美茶对世界经济、社会、文化、民生的价值，致敬茶对脱贫减灾、人类健康、世界文明作出的贡献，这是中国千年事茶的智慧结晶，也是世界对茶文明的高度认同，更是对中国茶和茶文化的更高期待。"国际茶日"，世界行动，将有力提升中国茶和茶文化的国际视野和世界价值，深化"一带一路"各国茶和茶文化的交流互鉴，推动全球茶产业的双循环发展，共同造福世界茶人的快乐安康。"国际茶日"也是"中国茶日",更是中国茶人的使命担当,中国茶人应以此为契机,立足中国、放眼全球,茶为国饮、香飘世界,致力中国特色现代茶产业高质量发展,让茶和茶文化全方位、高品质、多元化、广渠道地走向世界。

其三,以新发展理念为指引,全面开创中国特色现代茶业高质量发展新阶段,构建国内国际双循环新发展格局是中国茶界的重大使命。当前,茶业供给侧与需求侧问题仍然很多,改革发展重任在肩,主要问题有以下几点:一是茶叶产能持续增大,产品供求结构失衡凸显;二是就茶论茶发展粗放,茶资源深化研发利用不足,产业链供应链短缺,生产成本攀升,竞争优势弱化;三是区域品牌、集群品牌、企业品牌、产品品牌总体建设水平不高,与日益增长的品质多元需求矛盾突出;四是科技人才、科技转化跟不上发展需要,业态融合发展形式单一;五是茶文化茶产业茶科技统筹不足,可持续发展能力不强等。面对问题导向,致力茶业变革创新,全面推进乡村振兴和茶业现代化水平,中国特色现代茶产业高质量发展应当不懈努力、勇毅前行。中国茶人要致力理念之变、云(科技)之变、链(全产业链)之变、茶品之变、茶人之变……顺应时势,智慧蝶变,用变革和奋斗去实现新阶段中国特色现代茶产业的高质量发展,育先机、开新局,让统筹茶文化茶产业茶科技发展开辟出一片全面小康、国民身心大健康和人民幸福安康的新天地。

(二)乡村振兴是举措,高质量发展是抓手,共同富裕是目标

党的十九大适时提出实施乡村振兴战略,旨在通过解决城乡发展不平衡、乡村发展不充分等重大问题引领乡村发展迈向更高水平阶段。乡村振兴是继统筹城乡发展、社会主义新农村建设之后,党中央关于乡村发展理论和实践的又一重大创新和飞跃。"产业兴旺、生态宜居、乡风文明、治理有效、生活富裕"是新时代的乡村振兴战略宗旨。产业兴旺是乡村振兴的基础支撑,通过人均第一产业增加值和农业机械化水平来表征;生态宜居是乡村振兴的重要依托,用反映地表植被状况的植被覆盖指数来体现;乡风文明是乡村振兴的动力源泉,通过国家级文明村镇数量来反映;治理有效是乡村振兴的政治保障,很大程度上取决于农民受教育水平;生活富裕是乡村振兴的根本目的,利用农村居民人均可支配收入来表征。乡村振兴战略具有普惠性,新时代的乡村振兴不仅要着眼于逆向衰退的乡村,也面向良性上升的乡村。对于负向衰退的乡村,乡村振兴通过产业、人才、文化、生态、组织等振兴扭转乡村发展颓势,实现乡村可持续发展。对于正向上升的乡村,乡村振兴通过产业融合发展、人居环境整治、完善基础设施配套、传承乡土文化、健全组织体系等措施,优化调整乡村人地系统结构与布局,高水平推进农业农村现代化和城乡融合发展。实现第一个百年奋斗目标后,产茶乡村大多属于正向上升的乡村,茶业高质量发展是必然趋势。

中国特色社会主义进入了新时代,其基本特征就是我国经济已由高速增长阶段进入高质量发展阶段。高质量发展,实质就是质量和效益替代规模和增速成为经济发展的首要问题,是能够更好满足人民日益增长的美好生活需要的发展。党的二十大报告指出:"高质量发展是全面建设社会主义现代化国家的首要任务。"推动经济高质量发展,就需要围绕满足人民美好生活需要而着力破解发展不平衡不充分的矛盾和问题;坚持契合美好生活需要而非单纯物质文化需要的质量第一、效益优先,满足人民在经济、政治、文化、社会、生态等方面日益增长

的全面需要。"高质量发展不只是一个经济要求,而是对经济社会发展方方面面的总要求",更是一个事关党和国家事业发展的全局性问题。习近平总书记指出:"高质量发展,就是能够很好满足人民日益增长的美好生活需要的发展,是体现新发展理念的发展,是创新成为第一动力、协调成为内生特点、绿色成为普遍形态、开放成为必由之路、共享成为根本目的的发展。"从经济维度看,首要目的是经济发展,其核心是实现全要素生产率的提高,加快实现经济发展质量、效率及动力变革。从社会维度看,强调更好地满足人民日益增长的美好生活需要,能够给人们提供丰富、质高、物美、价廉的产品与服务。从环境维度看,强调通过资源高效配置,形成经济、社会、环境和谐共处的绿色、低碳、循环发展,实现可持续发展。

共同富裕是人民对美好生活需要的重要内容,是新时代解决我国社会主要矛盾的重要抓手,实质是全体人民共创共享日益美好的生活。习近平总书记指出:"共同富裕是社会主义的本质要求,是人民群众的共同期盼。""实现共同富裕不仅是经济问题,而且是关系党的执政基础的重大政治问题。"国际经验表明,贫富差距过大时不仅经济循环不畅,而且会导致社会动荡不安。共同富裕政治内涵"国强民共富的社会主义社会契约",共同富裕经济内涵"人民共创共享日益丰富的物质财富和精神成果",共同富裕社会内涵"中等收入阶层在数量上占主体的和谐而稳定的社会结构"。共同富裕意味着中等收入阶层在数量上占主体,城乡区域差距基本消失,人口流动限于一定比例的更换就业岗位者,不再有大比例人口常态化地异地迁徙和流动;实现共同富裕,必须围绕解决好发展不平衡不充分的问题。充分发挥社会机制,激发共同富裕内生动力;充分发挥文化机制,同步推进物质富裕与精神富足;通过经济高质量发展让人民生活丰裕、精神富足;通过制度建设让人民拥有获得财富和优质公共服务的公平权利。乡村振兴下,茶农实现共同富裕,必须把茶业"公共产品"变成"特色商品"和"生态服务业",打通茶乡高生态价值变不了高经济增长的堵点,实现茶业高质量发展。

(三)茶文化、茶产业、茶科技统筹发展,共筑茶业高质量发展

茶产业是关乎人民美好生活的重要民生产业,对巩固和拓展脱贫攻坚成果、推动乡村产业振兴、弘扬中华优秀传统文化具有重要意义。习近平总书记提出了"三茶"统筹理念,涵盖弘扬茶文化、发展茶产业、创新茶科技多个领域,从党和国家事业发展全局的高度,对中国茶业高质量发展提出了总方向、总目标、新要求。弘扬茶文化、振兴茶产业、创新茶科技,构筑系统完整、逻辑严密、有机融合的"泛茶产业"高质量发展协同体。茶叶深深融入中国人的生活,成为传承中华文化的重要载体。从以文化人来观察,茶文化具有育民功能;从以文化印来观察,茶文化具有惠民功能;从以文化国来观察,茶文化具有富民功能。茶以文兴,文以茶扬,茶文化与茶产业如车之双轮、鸟之双翼,唯有浸润和涵养了文化的茶产业,才会有蓬勃的生命力。文化产业最重要的价值不仅仅在于提供文化产业增加值,而是提供文化附加值,通过文化和其他传统行业以及新技术的结合,来推动整个经济的发展;促进文化和科技融合,发展新型文化业态,提高文化产业规模化、集约化、专业化水平,引领和推动整个经济转型和升级的产业。

茶产业是富民产业、生态产业、健康产业、文化产业。但在我国,目前还是典型的劳动密集型产业,生产经营模式比较传统单一,产业整体的机械化水平和现代化程度较低;茶产

业产品结构有待进一步优化，特别是在高附加值的产品领域亟须进一步突破。茶是大部分产茶县的特色农业优势产业，是乡村振兴中"产业是核心"的最好选择，是乡村振兴中"生活富裕"目标实现的保障；要提升茶产业，必须实现茶叶加工的现代化。习近平总书记指出："科学技术从来没有像今天这样深刻影响着国家前途命运，从来没有像今天这样深刻影响着人民幸福安康。""我国经济社会发展比过去任何时候都更加需要科学技术解决方案，更加需要增强创新这个第一动力。"茶科技涉及全产业链，将创新链和产业链相结合，加速科技成果向现实茶产业发展生产力的转化，加快培育新兴产业，业态创新是提高产业发展质量的重要途径；新技术革命、产业升级与消费者需求是推动新业态产生的三大因素。在中国茶迎来了几千年来最好发展的"新茶经"时代，自觉践行习近平总书记"三茶"统筹理念，努力把中国茶打造成高质量发展的茶区乡村振兴支柱产业。

（四）茶文旅融合新业态，"三茶"统筹集大成

新时代中国特色社会主义是"逐步实现全体人民共同富裕的时代"，促进全体人民共同富裕，最繁重最艰巨的任务依然在农村；产业融合作为我国农村生产方式的重要变革形态，在促进农民农村共同富裕方面发挥重要作用。茶文化是人们在对茶的认识、应用过程中有关物质和精神财富的总和，包含和体现一定时期的物质文明和精神文明。茶文化背后不仅有文化产业，更有茶叶产业；茶产业是关乎"全面脱贫攻坚、追求美好生活"的重要民生产业。旅游是当前新时期人民美好生活和精神文化需求的重要组成部分，旅游业是体现人民群众幸福感、提高人民生活水平的重要产业。茶以旅游而弘扬，旅游因茶而光大，富有之谓大业，日新之谓盛德。自1978年改革开放以来，中国总量生产函数形式不断变迁，要素质量和规模经济持续增强。从全要素生产率（TFP）增长来源看，改革开放前20年带来了要素无关型全要素生产率的高速增长，对全要素生产率增长的贡献率达到80%；改革开放后20年转变为要素嵌入型全要素生产率的高速增长，对全要素生产率增长的贡献率达80%，为茶文旅产业融合发展提供了经济规律的结构基础。根据国民经济的发展实践原理，当一国的人均国内生产总值（GDP）突破5000美元之后，文化产业将处于高速发展期。2011年我国的人均国内生产总值首次突破5000美元。从全要素生产率增长来源看，当下嵌入型要素对全要素生产率增长的贡献率达80%，为茶文旅产业融合发展提供了经济结构基础；2023年我国人均国内生产总值达8.94万元，文化产业已进入集约式、高水平的中级发展阶段，为茶文旅融合高质量发展提供了经济实力基础。茶业高质量发展的目的之一就是要推进供给侧结构性改革，就是要给消费者提供更加健康、绿色、安全的茶产品，满足消费者日益严苛的质量安全需求，打消消费者对茶叶质量安全的顾虑。茶业高质量发展目的之二就是希望通过茶产业振兴不断提高涉茶人口的收入水平，特别是相对欠发达地区茶农的经济效益，让他们能够早日脱贫致富奔小康。

从茶界大量的科技成果、文化资源及茶业现状，不难发现茶文化、茶产业、茶科技一直没能协调成为强有力的"统筹体"，真正担负起"乡村振兴支柱产业"的责任。为了适应文旅融合发展的客观现实需求，2018年我国文化和旅游管理部门机构融合调整，将文旅产业融合提升至新高度。2020年国家相关十部委联合颁发"推动旅游业高质量发展"政策，为我国旅游业在"丰富旅游产品业态，拓展旅游消费空间"高质量发展提供制度支持。2021年，农

业农村部、国家市场监督管理总局、中华全国供销总社联合印发《关于促进茶产业健康发展的指导意见》，推动茶产业与文化、旅游、教育、康养等产业渗透融合，为培育"以茶为主线载体"的新产业、新业态、新模式发出政策指令。2022年，党的二十大报告中提出："坚持以文塑旅、以旅彰文，推进文化和旅游深度融合发展。"2022年11月29日，我国申报的"中国传统制茶技艺及其相关习俗"列入联合国教科文组织《人类非物质文化遗产代表作名录》，习近平总书记对非物质文化遗产保护工作作出重要指示；2023年2月22日，文化和旅游部印发《关于推动非物质文化遗产与旅游深度融合发展的通知（文旅非遗发〔2023〕21号）》，提出"融入旅游空间""丰富旅游产品"系列重点工程。在茶文化上，文化引领茶文旅融合体系；在茶产业上，延伸拓宽茶文旅产业链体系；在茶科技上，构建数字赋能的茶文旅科技体系；携手打造中国茶"泛茶产业"，共同推进"三茶"统筹高质量发展。

四、思政微课《"两山"理论新茶经》

（一）一片叶子富了一方百姓

"一片叶子富了一方百姓。"这是习近平总书记的殷殷嘱托。2003年4月9日下午，时任浙江省委书记的习近平同志在安吉调研生态县建设时来到安吉县溪龙乡黄杜村。当时，还在溪龙乡乡政府工作的梅喜英，负责介绍村里白茶基地的建设及发展情况。习近平同志听后称赞这里："一片叶子富了一方百姓。"后来，"一片叶子富了一方百姓"这10个字被挂在了溪龙乡乡政府大门口；如今，这10个字已被刻印在村中白茶基地的大石上，也化为黄杜村乃至整个安吉县坚持绿色发展、不断壮大白茶产业的强大动力。小茶叶，一头连着千万茶农，一头连着消费者和旅游者。一方面，作为富民产业的白茶，有力带动了当地百姓致富；另一方面，因为是生态产业，与旅游等对接为可持续发展提供了强劲动力。

（二）绿水青山就是金山银山

2005年，习近平同志赴安吉天荒坪镇余村考察时，对余村为保护环境关停矿山的举动给予高度评价的同时，第一次提出了"绿水青山就是金山银山"的科学论断。他阐释道："我们过去讲既要绿水青山，又要金山银山，实际上绿水青山就是金山银山。"一周后，习近平同志于8月24日在《浙江日报》上发表《绿水青山就是金山银山》，文中写道："绿水青山可带来金山银山，但金山银山却买不到绿水青山。绿水青山与金山银山既会产生矛盾，又可辩证统一。"这是习近平同志在明确绿水青山和金山银山指向后，第一次针对两者关系，从对立统一角度出发进行的论述。2006年，他发表《从"两座山"看生态环境》一文，进一步指出："我们追求人与自然的和谐、经济与社会的和谐，通俗地讲，就是要'两座山'：既要金山银山，又要绿水青山。这'两座山'之间是有矛盾的，但又可以辩证统一。"不仅如此，他还将"两座山"的关系分为三个阶段：第一阶段是用绿水青山去换金山银山；第二阶段是既要金山银山，也要绿水青山；第三阶段是绿水青山本身就是金山银山。正是对这三个阶段的理解与把握，构成了习近平同志主政浙江时期"绿水青山就是金山银山"理念的核心内容。在2017年10月召开的中共十九大，宣告着中国特色社会主义发展已进入新时代，生态文明建设被提升为中华民族永续发展的千年大计。同月,在党章总纲中增写要增强绿水青山就是金山银山的意识,这代表着"绿水青山就是金山银山"理念正式写入《中国共产党章程》。"人不负青山,青山定不负人。""两山"理论为新时代推进生态文明指明了方向,成为中国共产党重要执政理念。

(三)著名酒茶论

2014年4月1日,习近平总书记在布鲁日欧洲学院演讲,以茶和酒比喻东西方文明。他指出:"正如中国人喜欢茶而比利时人喜爱啤酒一样,茶的含蓄内敛和酒的热烈奔放代表了品味生命、解读世界的两种不同方式。但是,茶和酒并不是不可兼容的,既可以酒逢知己千杯少,也可以品茶品味品人生。"习近平总书记介绍了中国作为世界上最大的发展中国家所正在发生的深刻变革,在论述中国与欧洲的关系时,习近平总书记用到了酒和茶的借喻。他说:"中国主张'和而不同',而欧盟强调'多元一体'"。中欧文化是东西方文化的杰出代表,是推动人类进步的两大文明,丰富了世界文明的宝库。每一种文明都有自己国家和民族的特点,是万花园中一朵独特的花。中华文明在"和而不同"的文化包容中携手其他文明互融、互通、互补,为世界发展提供精神指引。显然,酒和茶是文化的不同表达,和而不同与多元一体则是文明哲理的不同切入,都在以不同方式展现人类文化的多样以及世界文明的多彩。

(四)茶界三封重要信件

2017年5月18日,中共中央总书记、国家主席习近平致贺信,对首届中国国际茶叶博览会的举行表示祝贺。习近平总书记指出:"中国是茶的故乡,……茶叶深深融入中国人生活,成为传承中华文化的重要载体。从古代丝绸之路、茶马古道、茶船古道,到今天丝绸之路经济带、21世纪海上丝绸之路,茶穿越历史、跨越国界,深受世界各国人民喜爱。希望你们弘扬中国茶文化,以茶为媒、以茶会友,交流合作、互利共赢,把国际茶博会打造成中国同世界交流合作的一个重要平台,共同推进世界茶业发展,谱写茶产业和茶文化发展新篇章。"

2018年4月,浙江省安吉县黄杜村20名农民党员给习近平总书记写信,提出捐赠1500万株茶苗帮助贫困地区群众脱贫。收到信后,习近平总书记对信中提出向贫困地区捐赠白茶苗作出重要指示:"吃水不忘挖井人,致富不忘党的恩"。增强饮水思源、不忘党恩的意识,弘扬为党分忧、先富帮后富的精神。

2019年12月,联合国大会宣布将每年5月21日确定为"国际茶日",以赞美茶叶的经济、社会和文化价值,促进全球农业的可持续发展。2020年5月21日,习近平总书记向"国际茶日"系列活动致信表示热烈祝贺。茶起源于中国,盛行于世界。联合国设立"国际茶日",体现了国际社会对茶叶价值的认可与重视,对振兴茶产业、弘扬茶文化很有意义。作为茶叶生产和消费大国,中国愿同各方一道,推动全球茶产业持续健康发展,深化茶文化交融互鉴,让更多的人知茶、爱茶,共品茶香茶韵,共享美好生活。

思政微课《"两山"理论新茶经》

参考文献
References

[1] 本刊编辑部. 统筹做好"三茶"文章构建茶产业发展新格局[J]. 发展研究, 2023, 40(1): 6-14.

[2] 陈诚. 茶学家陈椽研究[D]. 合肥: 安徽农业大学, 2018.

[3] 陈富桥, 胡林英, 姜爱芹. 我国茶产业发展40年[J]. 中国茶叶, 2019, 41(10): 1-5.

[4] 陈杰丹, 马春雷, 陈亮. 我国茶树种质资源研究40年[J]. 中国茶叶, 2019, 41(6): 1-5, 46.

[5] 陈亮, 虞富莲, 杨亚军, 等. 茶树优质资源遗传稳定性的RAPD分析[J]. 茶叶科学, 1999, 19(1): 15-18.

[6] 陈灵诚, 陈志湧. "一带一路"背景下中国与沿线国家茶叶出口竞争力分析[J]. 中国茶叶, 2024, 46(5): 41-47.

[7] 陈萍, 郭威. 以中国茶文化坚定中华优秀文化自信的三重价值意蕴和实践路径[J]. 茶叶通讯, 2021, 48(4): 780-784.

[8] 陈锡煌, 何克然. 著名茶学家、教育家王泽农[J]. 江淮文史, 1994(4): 13-21.

[9] 陈赟. 雅斯贝尔斯"轴心时代"理论与历史意义问题[J]. 贵州社会科学, 2022(5): 4-12.

[10] 程启坤. 中国茶文化发展40年[J]. 中国茶叶, 2020, 42(2): 1-10.

[11] 丁俊之. 远见卓识的茶业论著——重读吴觉农先生《中国茶业改革方准》[J]. 中国农学通报, 1986(2): 7.

[12] 巩志. 张天福与武夷岩茶[J]. 农业考古, 2009(5): 314-324.

[13] 郭孟良. 论明代的"以茶治边"政策[J]. 洛阳工学院学报(社会科学版), 2000, 18(4): 31-35.

[14] 胡士弘. 当代茶圣吴觉农[J]. 炎黄春秋, 1998(4): 68-73.

[15] 贾颖, 王冬阳. 吴觉农与《茶树原产地考》一文始末[J]. 农业考古, 2023(5): 138-142.

[16] 江用文, 袁海波, 滑金杰. 中国茶叶加工40年[J]. 中国茶叶, 2019, 41(8): 1-5.

[17] 蒋敏, 韦玲玲, 章传政. 茶学家王泽农对我国茶学高等教育事业的贡献[J]. 茶叶通讯, 2021, 48(1): 187-192.

[18] 金基强, 周晨阳, 马春雷, 等. 我国代表性茶树种质嘌呤生物碱的鉴定[J]. 植物遗传资源学报, 2014, 15(2): 279-285.

[19] 康婉盈, 周科朝. 习近平文化思想的三重逻辑: 理论、价值、实践[J]. 学术探索, 2024(2): 8-14.

[20] 李萍. 论茶道哲学研究的必要性[J]. 农业考古, 2021(5): 12-17.

[21] 李琼华. 论述冯绍裘创制滇红名茶的历史功绩[J]. 农业考古, 2005(2): 191-194.

[22] 李尚宸. 人类命运共同体话语体系建构: 理论基础、基本原则与实现路径[J]. 理论建设, 2022, 38(5): 61-70.

[23] 李素芳, 虞富莲, 杨亚军. 茶树优质资源的同工酶遗传稳定性研究[J]. 茶叶科学, 2001, 21(1): 76-77.

[24] 刘枫. 建议茶为国饮[J]. 农业考古, 2004(4): 29-31.

[25] 刘晓萍. 中国茶文化对外传播路径研究[J]. 农业考古, 2022(2): 26-32.

[26] 刘馨秋, 杜茜雅. 中国古代茶书中的生态思想及其当代价值[J]. 茶叶科学, 2023, 43(3): 437-446.

［27］刘仲华．中国茶叶深加工40年［J］．中国茶叶，2019，41（11）：1-7，10．

［28］柳丹，杨尚勤．习近平关于"讲好中国故事"重要论述的历史方位与战略逻辑［J］．学术探索，2022（11）：39-47．

［29］鲁成银．加强茶非物质文化遗产保护助力茶产业高质量发展［J］．中国茶叶，2022，44（12）：48-54．

［30］罗邺．近现代贵州茶叶提质与浙大西迁湄潭七年［J］．农业考古，2012（5）：323-326．

［31］马云璞．陕西平利因茶致富的探索与实践［J］．中国茶叶加工，2021（1）：53-56．

［32］潘知常．从宗教时代到科学时代再到美学时代：新"轴心时代"的演进与形成［J］．文艺争鸣，2023（10）：73-83．

［33］阮建云．中国茶树栽培40年［J］．中国茶叶，2019，41（7）：1-7．

［34］佘双好，郭维．习近平讲好中国故事的三重维度：话语体系、思想逻辑和价值意蕴［J］．南昌大学学报（人文社会科学版），2022，53（3）：5-13．

［35］佘燕文，朱世桂．庄晚芳与张天福茶学思想及其比较［J］．农业考古，2017（5）：42-46．

［36］施林佐，石琳，杨秀芳．我国茶产业助力决战决胜脱贫攻坚的实践与思考［J］．中国茶叶加工，2021（1）：13-20．

［37］宋丽，丁以寿．陈椽茶叶分类理论［J］．茶业通报，2009，31（3）：143-144．

［38］宋丽，方静．复旦大学茶学高等教育发展历史及影响探析［J］．中国茶叶加工，2022（2）：75-79．

［39］宋丽．《茶业通史》的研究［D］．合肥：安徽农业大学，2009．

［40］宋时磊，李珂星．人类命运共同体视域下中国茶全球传播的价值论析［J］．农业考古，2022（5）：12-17．

［41］苏峰．"三茶"统筹理论引领福建茶产业高质量发展［J］．发展研究，2023（1）：20-27．

［42］陶德臣．习近平关于茶文化论述的内涵及意义［J］．农业考古，2021（2）：7-16．

［43］陶德臣．中国茶业经济史研究综述［J］．农业考古，2001（4）：245-258．

［44］陶德臣．中国近现代茶学教育的诞生和发展［J］．古今农业，2005（2）：62-67．

［45］滕沐颖．以茶为媒，讲好中华优秀传统文化故事：新华社"中国传统制茶技艺及其相关习俗"报道亮点分析［J］．中国记者，2023（1）：120-122．

［46］王国平．一片叶子的重量：脱贫攻坚的"黄杜行动"［M］．杭州：浙江文艺出版社，2020．

［47］王家斌．抗日战争中吴觉农在浙江衢州的往事［J］．茶叶，2005，31（4）：210-211．

［48］王家斌．缅怀我国著名茶叶专家李联标先生［J］．中国茶叶，2011，33（8）：9．

［49］王建荣．当代茶圣吴觉农与茶文化弘扬事业［J］．上海茶业，2012（2）：31-33．

［50］王旭烽．茶文化通论：品饮中国［M］．杭州：浙江大学出版社，2020．

［51］王旭烽．茶者圣　吴觉农传［M］．杭州：浙江人民出版社，2003．

［52］王镇恒．茶学名师拾遗［M］．北京：中国农业出版社，2019．

［53］韦希成．张天福：事茶一世　奉献一生［J］．中国茶叶，2017，39（6）：46-47．

［54］魏峡．抗日战争时期的"丝绸之路"［J］．福建党史月刊，2015（10）：14-17．

［55］吴坚．王家扬　我深爱着这片土地［J］．今日浙江，2012（12）：45．

［56］伍萍，丁以寿．《茶经述评》的述评［J］．茶业通报，2009，31（4）：168-170．

［57］武亚军，杜胜楠．"两山"理论与生态建设战略初探——基于习近平《之江新语》的扎根研究［J］．浙江工业大学学报（社会科学版），2019，18（4）：376-382，428．

［58］习近平．高举中国特色社会主义伟大旗帜　为全面建设社会主义现代化国家而团结奋斗——在中

国共产党第二十次全国代表大会上的报告［N］．人民日报，2022-10-26（1）．

［59］习近平．决胜全面建成小康社会 夺取新时代中国特色社会主义伟大胜利——在中国共产党第十九次全国代表大会上的报告［N］．人民日报，2017-10-28．

［60］向云驹．论"第二个结合"开启的文明视野与文艺的文明维度［J］．中央民族大学学报（哲学社会科学版），2024，51（1）：36-48．

［61］谢孝明，罗以洪．中国茶树原产地中心新论［J］．茶叶通讯，2021，48（3）：385-391．

［62］徐茂华，张铭月．马克思主义基本原理同中华优秀传统文化相结合的逻辑、价值及路径［J］．长江师范学院学报，2023，39（5）：1-7．

［63］徐延誉．吴觉农：中国茶业复兴先驱［J］．中国档案，2017（6）：76-77．

［64］许文舟．冯绍裘与滇红茶［J］．云南档案，2016（4）：24-26．

［65］杨江帆．论张天福茶学的创新思想［J］．福建茶叶，2004（4）：41-42．

［66］杨如兴，尤志明．张天福先生茶叶科研创新思想的时代意义——以"乌龙茶做青工艺与设备研究"成果为例［J］．茶叶学报．2019，60（4）：176-178．

［67］姚国坤．中国茶文化学［M］．北京：中国农业出版社，2020．

［68］姚振发，李茂荣．老骥伏枥铸茶魂——中国国际茶文化研究会名誉会长王家扬先生米寿感言［J］．农业考古，2005（4）：158-161．

［69］虞富莲，俞永明，李名君，等．茶树优质资源的系统鉴定与综合评价［J］．茶叶科学，1992，12（2）：95-125．

［70］张洪松．中国共产党与中华优秀传统文化：习近平文化思想解读［J］．社会科学辑刊，2024（2）：53-59．

［71］张梁，陈琪，宛晓春，等．中国茶叶生物化学研究40年［J］．中国茶叶，2019，41（9）：1-10．

［72］张星海，许金伟．读懂中国茶［M］．北京：中国轻工业出版社，2022．

［73］张星海．"互联网+"茶旅融合促进乡村振兴策略研究［J］．农业经济，2022（6）：24-25．

［74］张星海．茶叶商品学［M］．北京：中国轻工业出版社，2021．

［75］张星海．茶艺传承与创新［M］．北京：中国商务出版社，2017．

［76］张星海．从一棵茶树到三茶统筹：我和《茶博览》三十年［J］．茶博览，2023（10）：24-27．

［77］张星海．庄晚芳先生"中国茶德"的形成——纪念茶学泰斗庄晚芳先生诞辰110周年［J］．茶叶，2019，45（1）：1-2．

［78］朱慧颖．强茶梦，中国梦——以吴觉农先生为代表的中国近现代重要茶学家事迹述略［J］．茶叶，2017，43（2）：121-124．

［79］朱伟丽，陈江华，李道和．中国茶产业政策与全要素生产率变动［J］．茶叶科学，2022，42（6）：886-899．

［80］庄小盼．深切缅怀父亲庄晚芳一段鲜为人知的革命历史［J］．茶叶，2019，45（4）：181-184．

［81］LIU Z W, LI H, WANG W L, et al. CsGOGAT is important in dynamic changes of theanine content in post-harvest tea plant leaves under different temperature and shading spreadings[J]. Journal of Agricultural and Food Chemistry, 2017, 65(44): 9693–9702.

［82］WANG D F, WANG C H, LI J, et al. Components and activity of polysaccharides from coarse tea[J]. Journal of Agricultural and Food Chemistry, 2001, 49(1): 507–510.

［83］ZHANG L Q, WEI K, CHENG H, et al. Accumulation of catechins and expression of catechin synthetic genes in Camellia sinensis at different developmental stages[J]. Botanical Studies, 2016, 57(1): 31.